赤泥堆载固结特性研究
及其在尾矿库扩容续堆工程中的应用

伍川生　王　羽　冯振洋　毕　靖 ◆ 著

西南交通大学出版社
·成　都·

图书在版编目（CIP）数据

赤泥堆载固结特性研究及其在尾矿库扩容续堆工程中的应用 / 伍川生等著. —成都：西南交通大学出版社，2018.11
ISBN 978-7-5643-6503-5

Ⅰ. ①赤… Ⅱ. ①伍… Ⅲ. ①赤泥－尾矿处理－研究 Ⅳ. ①TF821②TD926.4

中国版本图书馆 CIP 数据核字（2018）第 247473 号

赤泥堆载固结特性研究及其在尾矿库扩容续堆工程中的应用

伍川生　王　羽　冯振洋　毕　靖　著

责任编辑　姜锡伟
助理编辑　李华宇
特邀编辑　柳堰龙
封面设计　何东琳设计工作室

出版发行　西南交通大学出版社
（四川省成都市二环路北一段 111 号
西南交通大学创新大厦 21 楼）
邮政编码　610031
发行部电话　028-87600564　028-87600533
网址　http://www.xnjdcbs.com
印刷　四川煤田地质制图印刷厂

成品尺寸　170 mm × 230 mm
印张　8
字数　127 千
版次　2018 年 11 月第 1 版
印次　2018 年 11 月第 1 次
定价　56.00 元
书号　ISBN 978-7-5643-6503-5

前言

赤泥是铝业生产过程中产生的尾矿，通常将其堆存于赤泥尾矿库中。近年来，随着我国铝产量的快速增长，赤泥的排放量也随之增多，众多铝业企业发现多年前投入运营的老旧赤泥尾矿库不敷使用，但又限于国家的土地政策以及开发成本，无法建设新的尾矿库。这种现状就促使铝生产企业必须设法充分利用老旧赤泥尾矿库，使其能够在未来若干年内继续堆存新产赤泥。

本书在贵州省教育厅“赤泥堆载固结特性理论及试验研究”黔科教（2011）007 号项目的支持下，以贵州某铝生产企业的赤泥尾矿库为例，进行了赤泥尾矿库超设计容量继续堆存的研究，分析了赤泥尾矿库续堆可能产生的各种危害及其原因，主要包括干法赤泥堆体边坡因降雨失稳滑坡、过高的赤泥孔隙水压导致库池渗漏、过大的侧推力导致尾矿坝溃坝。本书提出了采用砂井排水法对库中软赤泥进行排水处理及控制上部干法赤泥堆体堆存坡度等解决措施。

本书主要研究工作如下：

（1）对于堆存于下部软赤泥之上的干法赤泥堆体边坡，采用非饱和土渗流及强度理论，结合当地气象资料，利用 Geostudio 软件，对不同堆存坡度的安全系数变化进行了计算分析，给出了合理堆存坡度的建议。

（2）对采用砂井排水法的软赤泥进行研究，分析了在上部干法赤泥持续堆载的条件下，软赤泥孔隙水压的分布和变化规律，得到了软赤泥孔隙水压函数的解析表达式，其中位置坐标和堆载时间为函数自变量，固结系数等为参量。将试验测定的贵州软赤泥固结系数等相关参数代入函数，利用求解及绘图程序，绘制了尾矿库内软赤泥孔隙水压分布及变化的图线，其对于控制软赤泥孔隙水压和防止尾矿库渗漏具有指导意义。

（3）在软赤泥孔隙水压函数的基础上，推导了在上部干法赤泥荷载持续线性增长条件下，赤泥尾矿坝侧推力函数解析表达式。通过数学分析与试算，得到了侧推力函数的五种图形形式，并就五种图形形式对应的参数取值进行了探讨。对该函数进行了最值分析，指出了最大侧推力出现时刻和最大侧推力值的计算方法，得到了尾矿坝极限抗力条件下砂井口径、间距和上部干法赤泥加荷速率之间关系的解析表达式。利用上述成果，结合试验测定的贵州某尾矿库中赤泥相关参数，用求解程序对该尾矿库续堆中尾矿坝稳定性进行了实例计算。通过对该算例的计算，得到了该尾矿库中砂井布置参数和上部干法赤泥加荷速率之间的关系表，并给出了设计建议。

（4）赤泥尾矿库续堆的工程处治措施建议为加强尾矿库抗渗能力、加强尾矿坝强度、提高砂井排水效率和采用合理方式堆存上部干法赤泥。

本书的研究得到了众多同事、专家和前辈的支持。在此致以衷心感谢。

限于作者水平，书中不妥之处，望各位读者批评指正。

重庆交通大学　伍川生

2018 年 8 月

目　录

1 绪 论

随着国民经济的高速发展，我国炼铝及铝制品加工行业高速发展，铝制品产量逐年增大，相应地铝业尾矿也在大幅增长，其堆存安全、环境保护及综合利用已成为目前亟待解决的问题和学术界的研究热点。

炼铝工业的原料通常为铝土矿，对铝土矿的有效成分进行提取后剩余的其余矿物残渣即为铝业尾矿，通常称之为赤泥。赤泥是一种红色的类似土壤的颗粒构成物质，其矿物组成比较复杂，主要含有氧化铝、氧化铁和氧化硅等矿物质，通常呈现较强的碱性和腐蚀性。由于赤泥及其中渗出液体（赤泥附液）具有强碱性和腐蚀性，其对环境有很强的破坏性，对临近的动植物有很大威胁，故赤泥的安全堆存问题显得尤其重要。堆存赤泥的场地称为铝业尾矿库或赤泥尾矿库，在西南地区通常选址于山区，充分利用地形自然成库，再辅助进行必要的人工筑坝。库区和坝体最大的问题是其稳定性和抗渗透性，其中又以稳定性问题为重，一旦赤泥尾矿库溃坝，大量赤泥和赤泥附液将外泄，这会对附近居民的生命财产安全和周边环境造成巨大的威胁。

作为炼铝的附带产物，不同的炼铝方式必然会使赤泥存在不同的分类，最常见的有烧结法赤泥和拜耳法赤泥两种。拜耳法赤泥的颗粒较细，类似于黏土，刚从生产线出来时含水量较大且固结时间较长；烧结法赤泥的颗粒相对拜耳法赤泥为粗，从生产线出来时亦为软泥状态，具有一定的水硬性。根据堆存方法的不同，赤泥又分为干法堆存和湿法堆存。湿法堆存是过去几十年来最常用的堆存方法，此法即是把刚产生的含水量较高的赤泥通过管道直接输送到尾矿库进行堆存，利用天然的晾晒使其含水率降低后再继续排放堆存新生产的赤泥。干法堆存则是近年来兴起的技术，由于压滤机技术的不断成熟和成本的持续降低，铝生产企业得以利用压滤机将高含水量的赤泥预先进行压滤，降低其含水量后再行排放入库，因排放的赤泥较干故称为干法堆存。干法堆存的赤泥具有一定的可塑性，从含水状态来说属于非饱和土范畴。本书研究的某赤泥尾矿库过去长期采用湿法堆存赤泥，现在库内存有大量饱和状态的拜耳法软弱赤泥，因铝厂的生产规模不断扩大，又难以找到地址新建尾矿库，故目前需要在软弱赤泥上继续堆存新产赤泥。目前铝厂堆存方法已主要采用干法堆存，干法赤泥堆存于原来的软弱赤泥之上。为了能够安全可靠地续堆，必须解决两个问题：一个是如何控制原来软弱赤泥的固结排水，防止过高的孔隙水压导致库池渗漏和维持尾矿坝的稳定，另一个是考虑现场气候条件下新堆干法赤泥的堆存坡度和稳定性问题。因此，本书主要研究内容为：第一，考虑现场降雨条件按非饱和土理论研究新堆干法赤泥的稳定堆存问题；第二，分析采用砂井排水法的赤泥尾矿库中拜耳法软赤泥的孔隙水压分布和变化规律；第三，在保持尾矿坝稳定的前提下，继续堆载，分析荷载加载速率和砂井布设之间的关系。

1.1 研究的背景、目的和意义

1.1.1 研究背景

赤泥是一种硅、铁、钙等元素的氧化物，因其中包含氧化铁而呈红色，故称之为“赤泥”或者“红泥”。目前，赤泥最常见的处理方法是露天堆积，可以将赤泥堆场分为“湿法”和“干法”两种堆积方式。其中，“湿法”堆放的赤泥主要是早期生产的。过去的几十年间由于赤泥压滤技术尚不成熟，无法在赤泥出厂时脱掉其中多余的水分，只有以流体的状态外排。因此，“湿法”赤泥主要采用泥浆泵输送到场地中，赤泥进场时近似于泥浆一样的流质状态，含水量高，强度很低，虽经过晾晒和长期堆存，其含水率有所下降、强度有所增长，但其力学指标依然不高。而“干法”堆放的赤泥则是通过压滤机将赤泥中的孔隙水部分去掉后而形成的一种非饱和土，其具有较高的强度，能够在一定坡度自然堆积，甚至不用借助尾矿坝等构筑物的支撑，其主要采用隔膜泵或汽车运输到尾矿库。干法堆存赤泥是在压滤技术已日趋成熟的现今主要采用的赤泥堆存方式。

本书研究的赤泥堆场与其氧化铝厂同时于 1977 年在贵州建成投产。赤泥堆场为“湿法赤泥堆场”。该赤泥堆场位于氧化铝厂以西约 7 km 处（艳山红乡曹关村、思夯村附近）。堆场区为约 150 m×200 m 见方的山间谷地，地势呈西高东低。在场地东侧，有两个山口，修筑了 1#、2#坝拦挡，用于防止赤泥流到山谷下游侧堆场外的农耕区；在场地西侧，也有两个山口，修筑了 3#，4#坝拦挡，主要是为了防止赤泥流入到山谷上游侧的岩溶地区造成环境污染（当时为了防止环境污染，根据地质勘察部门的建议有意识的放弃了 3#、4#坝后面岩溶地区的库容）。场地最低高程约为 1 302 m，设计赤泥堆积高程为 1 323 m，坝顶设计高程 1 325 m。其中 1#坝高度最高，最大坝高 25 m，2#坝高度次之，3#坝最矮，高度不到 10 m。建厂初期，铝厂按拜耳法年生产氧化铝 20 万吨设计，与此相配套的赤泥堆场设计库容约 100 万立方米，仅够使用 4 年多。

投入运行后，铝厂赤泥堆场经历了溃坝，强行扩建，严重污染周边环境，排水失效等等事故；采取过坝体下游贴坡加固、库内大面积查洞补漏、库岸帷幕灌浆防渗、坝体补充灌浆防渗、坝后镇压台加固、长期 24 h 人员值班等系列被动强制性的工程抢险措施。厂里主管安全的领导每时每刻都在为赤泥堆场“提心吊胆”。铝厂赤泥堆场不仅“多灾多难”，而且是典型的“带病运行”。1984 年赤泥堆场就已运行至设计高程，1986 年初，超高度运行到了坝顶高程的 1 325 m；而后，迫于生产压力铝厂用过滤布袋装入干赤泥后在坝顶面上垂直加高到 1 328 m。1986 年 7 月 19 日，2#坝坝肩发生流土，继而溃坝。毁坏坝后农田数十亩，幸好无人员伤亡。铝厂在积极抢险加固的同时，将赤泥临时排放到邻近的“大冲灰渣堆场”，无奈大冲灰渣堆场坝的防渗能力差，赤泥进入堆场后很快就出现了坝后大量赤泥水外泄。1987 年 10 月，来现场办公的北京有色冶金设计总院的水工专家提出向 3#、4#坝外已经成“库”的岩溶地区排放赤泥，以牺牲环境为代价，换取当时作为国家重点物资——“铝”的正常生产。

3#、4#坝后“成库”的区域大约有 500 m×600 m。区域内有一落水溶洞，当地老百姓称之为“扎塘”。习惯上亦将该部分赤泥库称为“扎塘赤泥堆场”。扎塘赤泥堆场为一岩溶洼地，最低标高 1 305 m 左右，除 3#、4#坝外，周边山口高程为 1 355 m 以上，在此高程下，扎塘赤泥库有库容 1 180 万立方米。20 世纪 80 年代末扎塘赤泥堆场在将扎塘落水洞用毛石混凝土封堵后投入运行，环境污染问题接踵而来。赤泥水穿过堆场西面 200 m 以上厚的山体，向西、西南和西北三个方向渗漏。遇暴雨后，扎塘水以岩溶管道形式向外排泄，所过之处秧苗等农作物一夜枯黄，年终颗粒无收。堆场西北 3 km 多处有一“牟老泉”，原为当地百姓生活用水水源，现已不能饮用。20 世纪 90 年代该铝厂与周围老百姓不断发生纠纷。曾发生过受污染村民数次“囚禁”赤泥堆场管理人员的事件，最长一次达 36 h。铝厂每年因赤泥堆场污染环境给周围老百姓的赔偿在数万到数十万元之间不等。1992 年前后，位于堆场下游的红林水电站认为堆场泄漏出去的赤泥造成了水轮机叶片的损坏，提出了 400 万元人民币的索赔要求；期间，贵州省人民政府也为解决赤泥堆场的环境污染问题做了大量的协调工作。

该铝厂周围为低山丘陵，人口相对密集。铝厂以西约 5 km 有一东西宽 1 ~ 2 km，南北长 5 km 以上的山梁，山峰高度在 1 360 ~ 1 430 m，比铝厂地面高 100 m；人口相对稀少，铝厂灰渣、赤泥堆场均选在其中。从该山梁再往西，为东西宽不到 500 m，南北长不到 5 km 的“长冲大沟”，沟低与堆场底部高差约 100 m，再往西为宽 2 km 左右的低山地带，然后就是区域最低点的“百花湖”和“猫跳河”。百花湖已被列为贵阳市饮用水源。从堆场底到百花湖的距离最近不到 3 km，高差 100 m 以上。区域内地质构造呈南北向。在扎塘赤泥堆场以东，有厚度 500 m 左右的龙潭煤系地层（砂页岩）出露，铝厂建厂初期选定的赤泥、灰渣堆场均在此不透水层上。赤泥堆场以东，到铝厂约 5 km 的范围内有村级人口居住区近十个，其中高人口密度的贵阳市白云区政府所在地“大山洞”东距堆场不到 3 km；离堆场最近的“思夯村”距离堆场还不到 800 m，现赤泥堆积面到思夯村地面的高差已有 70 m。堆场运行近 30 年来东面没有受到污染的报道。然而，西、北、南方向却大相径庭。扎塘赤泥堆场处于在贵州被视为岩溶最为发育、渗漏最为严重的“长兴”“矛口”组灰岩上，加上断裂带和地面高差的作用，使扎塘赤泥污水向北、西、南方向的出流严重。长冲大沟和百花湖是扎塘赤泥水主要的污染对象。在该铝厂确定要治理赤泥堆场给周边带来的环境污染后，曾提出过帷幕灌浆和铺衬等设想，但因对地质条件认识的局限性和对已经放入赤泥的扎塘内部处理的难度等问题没有取得一致意见。当时贵州工大地质系的专家和老师们在对堆场西部的地质情况进行了大量的调查后，提出了以帷幕灌浆处理扎塘渗漏的方案，首先处理了库岸西北的一段，发现向牟老泉方向的渗漏明显减小；随着库内水位的提高，又发现往东南老马寨方向的渗漏日趋严重；等到东南方向的帷幕灌浆完成，发现库的北岸渗漏问题又日益突出。到目前，该铝厂已完成了扎塘赤泥堆场库岸1 355 m以下岩溶地区2/3长度的灌浆工程，投资已接近1亿元，还不能说扎塘赤泥堆场的渗漏问题已经完全解决了。扎塘赤泥堆场经防渗漏处理后，堆积高度上升很快，在1995年前后达到了1 330 m，超出了原赤泥堆场的高度。考虑到水力连通的影响，原赤泥堆场1#、2#坝的安全问题又引起了人们的担忧。

该铝厂从投产到现在，已累计排放赤泥近千万立方米。目前年产氧化铝100万吨，每年干赤泥排出量约为100万立方米。3年内，其氧化铝生产规模将继续扩大，每年排出烧结法干赤泥约450万立方米，拜耳法干赤泥约850万立方米。扎塘赤泥堆场现已运行到1 349 m左右高程，到1 355 m（防渗漏线）还有库容270余万立方米，可供使用不到两年。

综上所述，由于历史原因和特殊的地质环境，目前该赤泥堆场容量已经基本用尽，为了保证继续生产急需采取必要的解决措施；另外，环境污染和运行安全是该赤泥堆场所面临的重大问题。

1.1.2 研究的目的和意义

氧化铝生产对周围环境具有一定的污染，其产生的废料——“赤泥”是造成水环境污染的祸首。一方面是氧化铝生产规模的不断扩大，需要更多更大的赤泥库来堆放赤泥；另一方面是国家越来越严格的环境保护政策，使得新建赤泥堆场的投资成倍增长；再加上贵阳市的不断扩张和对水资源保护的要求，该铝厂几乎是无处可建新赤泥堆场。

该赤泥堆场运行到接近设计高程后，也曾开展了新堆场的选址工作。一个年产120万吨氧化铝的赤泥堆场占地少则70 ~ 80 hm^2，多则150 hm^2以上。该铝厂周围，地质岩性以石灰岩为主，防渗漏处理是堆场建设中造价高且不宜处理好的问题。当时进行了多个堆场的初步比较，虽选中了几块地方作为堆场的预备场址，但都不理想。该铝厂距离贵阳市中心约17 km，与贵阳市白云区政府所在地毗邻，距贵阳市金阳新开发区不到5 km。厂区南面靠近贵阳市区，不宜选做堆场；东面人口相对稀少的山区距厂区约7 km以上，为贵阳市环护林带且有黔渝铁路通过，也不宜选择堆场；向北8 km

左右为山地，人口相对稀少，有一称为“黄花地”的天然溶坑被选做预备堆场，但是，第一黄花地地质条件复杂，从表面看岩溶十分发育，虽然两岸山高有利于形成库容，但山脚下落水洞较多，地质条件与扎塘相似，且临近麦架河和白云区饮用水水源，防渗漏问题十分突出；第二，征地问题难以解决，启用黄花地堆场除要征用黄花地库区内的部分土地（部分农田和耕地，相当一部分为荒地）外，还需征用从铝厂到黄花地近 10 km 长的输灰管线用地，几乎没有可能实现。

总之，目前因为地质情况复杂、防渗漏难度大、征地困难或库容达不到千万立方米级别等原因无法找到合适的地址新建赤泥堆场。故在原地向上扩建堆场几乎是该铝厂的唯一选择。这样可以节约土地、节约资源，还可以防止污染源扩散，重复利用濒临废弃的堆场设施，形成了循环发展，符合国家基本国策。

但在原有堆场上继续堆存赤泥将面临以下三大问题：

（1）继续堆存赤泥将对原有尾矿坝的安全和稳定产生巨大影响。

正常运行中的尾矿坝会受到重力、库池中尾矿水平压力、孔隙水压力以及地基反力等作用，当水平推力大于坝底的极限摩擦力时，将可能发生滑移破坏。竖向力的合力将产生一个偏心加载情况，随着水平力的加大，基底反力三角形逐渐向外侧偏移，直到最大反力等于坝基极限承载力发生塑性变形，最后在合力矩的作用下亦可能绕坝基中央附近某点发生倾覆破坏。

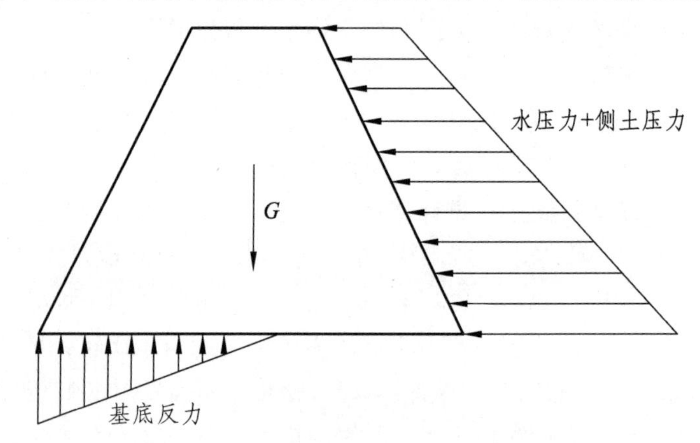

图 1.1　尾矿坝简化受力分析图

对于超设计容量续堆的赤泥尾矿库，上部干法赤泥荷载的施加会导致下部原有软赤泥对尾矿坝的侧向推力增长，其中侧推力包含土骨架对坝的推力及孔隙水压力对坝的推力两部分。当下部软弱赤泥排水条件不良时，土骨架难以固结，而孔隙水压将随上部荷载增长明显增大，继而造成对尾矿坝的侧推力明显增大，当总侧推力超过坝的抗力极限时，将可能发生溃坝破坏。

虽然在实际工程中会有一定的先期征兆，但溃坝破坏还是具有一定的突然性，且溃坝后赤泥和赤泥液大量涌出，故该破坏形式具有极大的危害性。一旦发生破坏，下游群众的生命财产安全难以得到保障，周围环境也会遭到毁灭性打击。国内外赤泥尾矿库的多次溃坝事故都证明了这一点。

（2）超过原设计容量堆存赤泥可能引发尾矿库的赤泥液渗漏，对环境造成巨大破坏。

氧化铝的生产对周围环境具有一定的危害，尤其是它产生的废料赤泥，更是造成水环境污染的罪魁祸首。本书研究的赤泥尾矿库出现渗漏的主要原因有以下两点：一是铝厂氧化铝的生产规模在逐年扩大，只能在原有库池之上继续堆高，上部持续增加的荷载使得库内原有软赤泥出现孔隙水压过大的现象；二是最初设计的赤泥库坝的防渗漏标准没有考虑当前的堆载工况，不足以抵抗过大的孔隙水压，因此可能造成渗漏。图 1.2 即为赤泥尾矿库外渗赤泥液的现场照片。

图 1.2　赤泥尾矿库外渗赤泥液

赤泥废液的危害性可通过对赤泥附液和干赤泥浸出液的化学分析初步

估计，赤泥库渗出液化学成分和 pH 见表 1.1 和 1.2。

表 1.1　赤泥库废水化学成分

单位：mg/L

pH	总碱度（德国度）	总硬度（德国度）	矿化度/（g/L）	溶解氧	Na^+	K^+	Ca^{2+}	Mg^{2+}	SO_4^{2-}	Cl^-	HCO_3^-	CO_3^{2-}	Al^{3+}
14	1 381	4.35	16	2	5 685	1 119	2.59	0.129	2 080	269	0.00	6 812	>250

表 1.2　赤泥附液和干赤泥浸出液 pH 及氟化物含量

铝厂名称	赤泥种类	测定项目	
		pH	氟化物/（mg/L）
贵州某铝厂	赤泥附液	10.8 ~ 12.3	8.098 ~ 10.49
	干赤泥浸出液	10.05 ~ 10.3	3.60 ~ 4.45

国家饮用水标准中，将水质根据其化学成分分成了Ⅰ、Ⅱ、Ⅲ、Ⅳ、Ⅴ五个等级（表 1.3），赤泥尾矿库周边环境水体大都为Ⅴ类水。有学者运用水动力弥散迭加模型算得2012年任意时刻赤泥尾矿库至给定距离的污染质浓度 C（图 1.3）。可见赤泥对水质环境的污染是非常厉害的，赤泥尾矿库的渗漏危害还是比较严重的。

表 1.3　水质分级值

单位：mg/L

指标	Ⅰ级水	Ⅱ级水	Ⅲ级水	Ⅳ级水	Ⅴ级水
K+Na	10	100	200	500	1 000
Cl	10	50	100	200	300
SO_4	50	100	250	1 000	2 000
CO_3	10	50	100	300	500
总矿物度	300	400	500	700	1 000
As	0.02	0.04	0.2	0.5	1
F	0.2	0.4	0.6	1	2
Cr	0.002	0.005	0.01	0.05	0.02
Hg	0.000 25	0.000 5	0.001	0.005	0.008

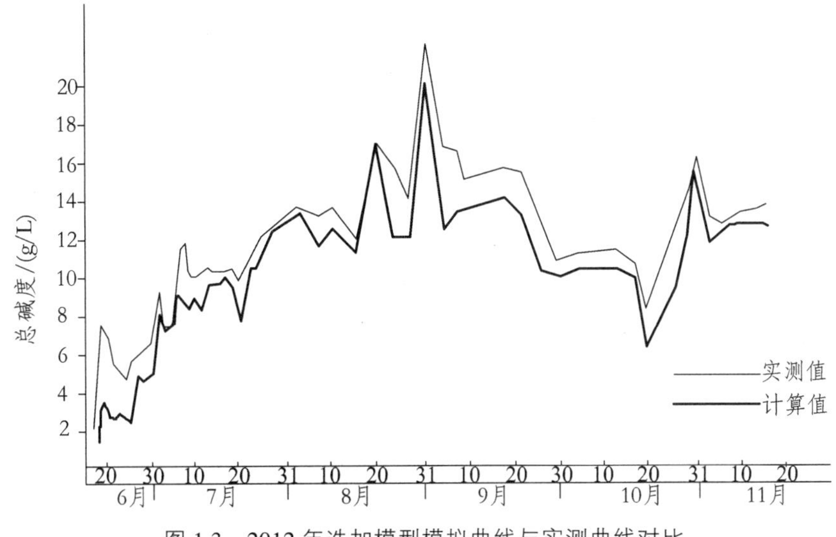

图 1.3 2012 年迭加模型模拟曲线与实测曲线对比

（3）在原有湿法堆存的拜耳法赤泥之上继续堆存的干法赤泥堆体边坡，在降雨过度或堆存坡度过陡的情况下都有可能发生滑坡。虽然干法赤泥的含水率和饱和度都较低，属于非饱和土，赤泥液含量不多，但滑坡体坠出尾矿库后依然可能会对人员和构筑物造成伤害，对周边环境也有一定程度破坏。

本项目的研究正是针对以上三大问题进行分析，给出相应的解决措施，保证赤泥尾矿库在超设计容量续堆的过程中稳定且不渗漏，故具有较高的研究价值和社会经济价值，能够使类似老旧赤泥尾矿库在保证安全和不影响环境的前提下继续发挥余热。

1.2 国内外研究现状

1.2.1 赤泥材料特性的研究

1. 赤泥的物理化学特性

赤泥具有极强的碱性，甚至放射性。赤泥的主要化学成分有氧化铁、氧化硅、氧化铝、氧化钙等，其中每种成分的含量与生产赤泥的工艺相关。

另外，赤泥中含有一定量的稀有元素 Ti、Zr、Sc 等，使得赤泥也在炼制稀有金属的变废为宝方面具有广泛的应用价值。在这方面，日本学者横田、章等比较早的时候就做了相关研究，主要的综述的文章有三篇，已被很多国家的学者翻译成册，供研究使用。横田、章等在《有关赤泥的一些基本特性（1)》一文中，研究了赤泥的凝聚沉降特性，对体积浓度为 0.5%的赤泥泥浆分别加入硫酸和盐酸搅拌，测定器界面的沉降速度，试验结果表明泥浆的 pH 值在 8 附近的时候，沉降的速率最大，在偏于酸性的 3 ~ 5 的时候，速率有明显降低的趋势。在《有关赤泥的一些基本特性（2)》中，着重研究的是赤泥浆的流动性能，研究发现赤泥浆显示和氢化微粒高岭土一样的视在黏性，赤泥浆的视在黏性随容积浓度成指数关系降低。而《有关赤泥的一些基本特性（3)》旨在解决赤泥的强碱性问题，利用消石灰并结合稀硫酸对赤泥进行脱钠处理。

用稀硫酸处理赤泥的时候，赤泥的溶解速率与稀硫酸的浓度有关，试验表明当 pH 约等于 4 的时候赤泥的分解最剧烈。

国内学者郭晖、邹波蓉等[3]汇总了拜耳法赤泥各方面的物理化学特性，结合现阶段赤泥回收利用的现状，提出了综合利用赤泥“变废为宝”的理念，给处理拜耳法赤泥提供了一个新的思路。另外，郭晖等[4]采用了多元素路爱苏分析方法，得到赤泥的衍射图样；利用美国 SDTQ600 型综合热分析仪对赤泥样品进行了 DSC-TGA 曲线的测定；利用 Rise-2008 型激光粒度分析仪对实验用赤泥的粒度进行了分析测试，其粒度分布曲线结果展示于文献[4]中。

饶平平[5]通过对赤泥中的颗粒级配进行分析（图 1.4 展示的是某堆场内赤泥样品的颗分情况）后指出，赤泥是一种颗粒级配不良的土体，并阐述了这种特点会对后期干法赤泥堆存造成隐患、排水不畅通会导致赤泥的强度提升不够等结论。另外，在文献中[6]详细分析了赤泥堆场裂缝的成因。

刘昌俊等[7]将赤泥团粒磨制成抛光片在扫描电镜下进行观测得到图 1.5 所示的松散聚积体。实际上，赤泥都是由极细颗粒组成的松散聚积体组成的，颗粒粒度一般仅几微米到几十微米之间。据此可见，除生成的碳酸钙具有较完整的晶形和较大粒度外，其余的颗粒都很细小。

图 1.4 赤泥团粒的扫描图

图 1.5 松散赤泥的扫描图

田跃[8]着重研究了降雨和干法赤泥蒸发的过程间的量化关系，其中列出的年内逐月蒸发降雨过程如图 1.6 所示。

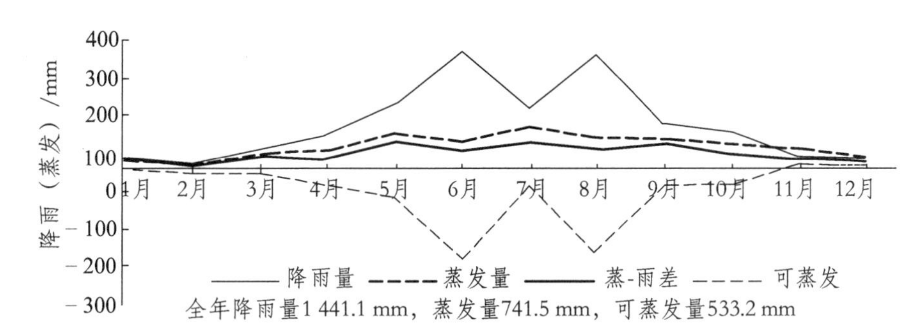

图 1.6 年内逐月蒸发降雨过程

孙恒虎等[9]对赤泥进行了高能球磨技术活化处理，得到不同粉磨时间下赤泥的粒度分布图、不同粉磨时间下赤泥的 XRD 图谱（图 1.7）、不同粉磨时间下赤泥的 SEM 照片和粉磨 30 min 下赤泥的核磁共振谱图（图 1.8）。陈友善等[10]也做过相关赤泥物理化学性质的研究。

2. 赤泥的物理力学性能

楚金旺[11]对比烧结法赤泥和拜耳法赤泥的物理力学性能指标做了一些研究，并据此对混合堆载技术进行了探讨。张乐等[12]将赤泥和粉煤灰两种工业废料创新性地结合在一起，进行了赤泥-粉煤灰-水泥体系在抗折和抗压强度等方面的研究，结果表明，加入赤泥后，粉煤灰-水泥体系的强度得到了大幅度提升（图 1.9），尤其是在抗压强度方面，并得出赤泥在脱水后强度随着时间的推移强度会越来越高到 28 d 左右达到稳定这一结论。

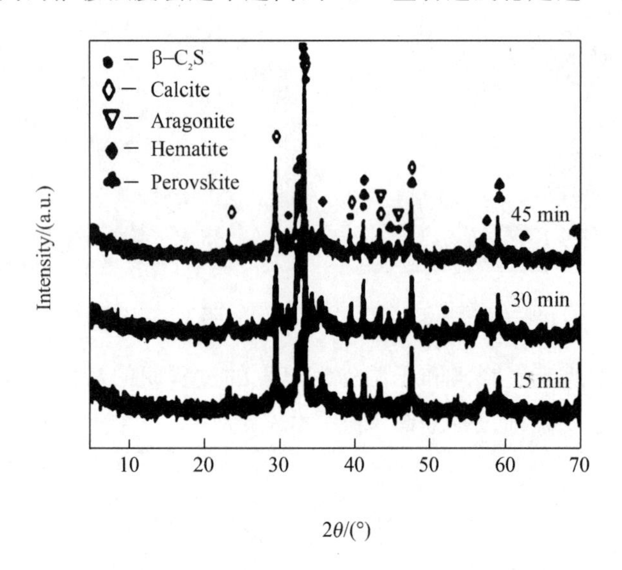

图 1.7　不同粉磨时间下赤泥的 XRD 图谱

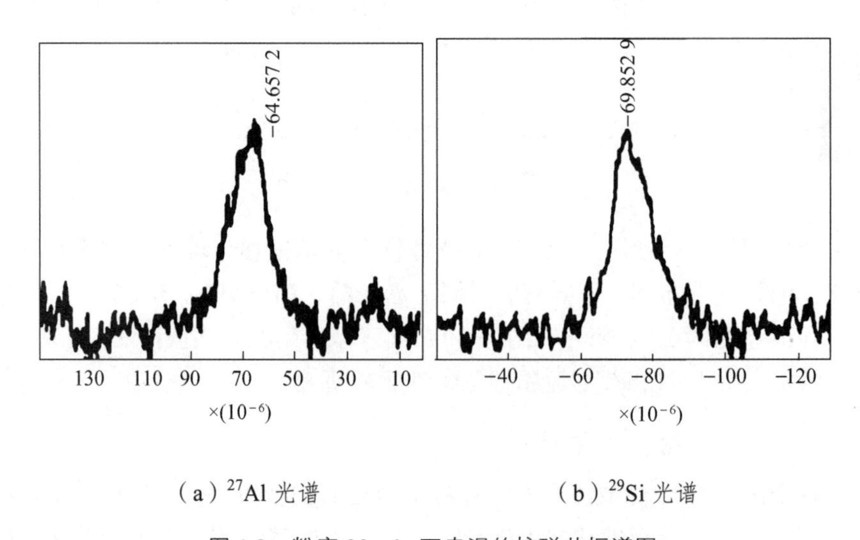

（a）^{27}Al 光谱　　（b）^{29}Si 光谱

图 1.8　粉磨 30 min 下赤泥的核磁共振谱图

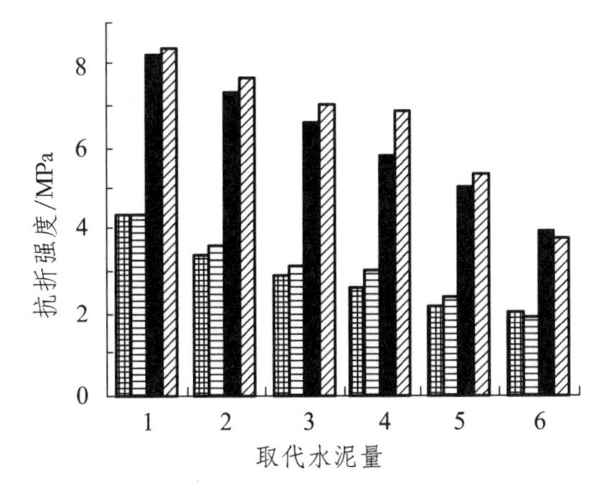

粉煤灰——水泥（3 d）；　赤泥——粉煤灰——水泥（3 d）；
粉煤灰——水泥（28 d）；　赤泥——粉煤灰——水泥（28 d）；

（a）抗折强度对比

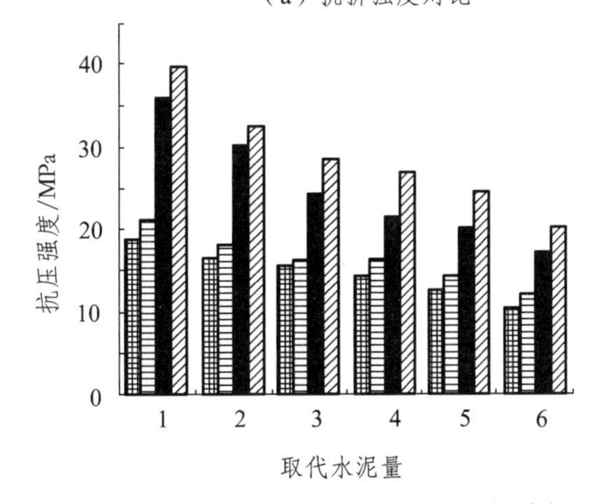

粉煤灰——水泥（3 d）；　赤泥——粉煤灰——水泥（3 d）；
粉煤灰——水泥（28 d）；　赤泥——粉煤灰——水泥（28 d）；

（b）抗压强度对比

图 1.9　赤泥-粉煤灰-水泥与赤泥-粉煤灰体系的强度对比

张忠敏、唐生贵等[13]将赤泥砂桩进行排水固结试验模拟，得到了很多赤泥在物理力学指标中的基础数据，为干法堆存赤泥提供了可行性探究。其中，张忠敏等人得出了赤泥在凝聚力、干密度、内摩擦角和含水量四个方面固结排水的前后对比图如图 1.10 所示，有此图可以看出，排水固结前后赤泥的各项力学指标均有提升，尤其是凝聚力方面。

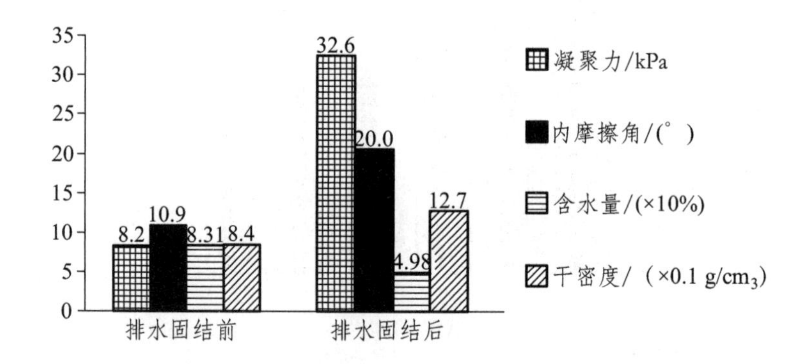

图 1.10　排水固结前后赤泥力学指标的对比柱状图

陈存礼，胡再强等[14]对赤泥土样进行三轴固结排水剪切试验，分别从理论和试验两个方面分析了赤泥的变形-强度特性与结构性之间的关系，其中值得借鉴的理念有：三轴试验下结构性定量化参数用各应变水平原状样与扰动样的主应力差的比值表示；这些参数对结构围压的反应敏感区多集中在低应变阶段。郑玉元[15]着重研究了赤泥密实度和排水固结强度，为后续赤泥堆坝提供了理论参数。其中，图 1.11 展示的是三种混合材料标准贯入试验的试验结果。

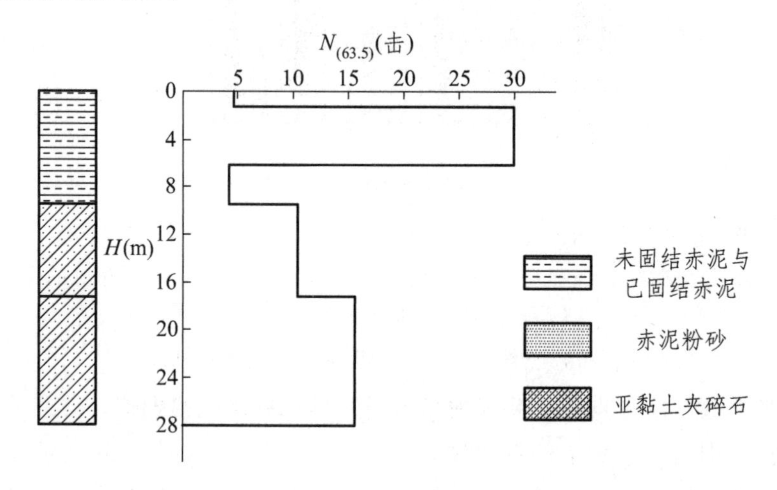

图 1.11　标准贯入试验 N63.5-H 曲线图

表 1.4 三轴试验成果表

控制干重度/（N/cm^3）	含水量/%	Φ/°	C_d/kPa
11.8	64	34.6	25.0
11.6	68	35.7	41.0
12.6	62	21.0	56.0

赵开珍等[16]研究了赤泥在三轴压力作用下的变形性能，三轴剪力实验成果见表 1.4。另外通过研究发现，赤泥孔隙压力的大小随围压的增大而增大，但随着轴向应变达到一定值之后孔隙压力逐渐趋于稳定。

景英仁、杨奇等[17]强调了赤泥的水理性能指标，如持水析水特性、收缩与膨胀、崩解性质、液化势等。在力学性能指标方面，列出了赤泥抗压、抗剪和综合连接强度等指标，方便日后工程人员快速了解赤泥这种新型的工业材料，给工程治理提供了一些量化的指标。与此同时，国内学者吴炎森、臧其芳等[18]、田跃等[19]、秦旻等[20]也做过赤泥力学性能指标等方面的相关研究。

3. 赤泥的综合利用

赤泥的综合利用方面，国外学者 T. Rosner[21]（2000）和 Mascaro[22]（2001）两人分别对矿内废水对环境与水土的污染等进行了研究。因为中国本身就是产铝大国，在这方面的研究，国内的可参考资料更多。其中典型性的有刘淑清[23]对现阶段赤泥的处理方法、回收价值等做了详尽阐述，并提出了很多新思路，如利用赤泥作填充材料、硅肥、制作高效混凝剂等应用，为铝的生产线后续工作提出了宝贵的意见和建议。南相莉[24]系统的将现今赤泥进行具体的分类，根据氧化铝的生产方法将赤泥分成拜耳法赤泥、混联法赤泥和烧结法赤泥三大类。并分别列出三种赤泥的物理化学性能表格，结合赤泥附液的鉴别归纳了赤泥对环境的影响，其中尤以地下水污染和植被作物污染为主，最后提出了防治污染的措施。景英仁等[25]、张永双等[26]也在赤泥的环境污染和综合治理方面做出研究。李振峰[27]从赤泥坝体渗漏产生的渗滤液对环境造成污染出发，建立了一种环境影响评价思路，即结合现场监测和灾后治理，防患于未然。蔡良钧等[28]对扎塘赤泥堆场采取了封堵落水洞、赤泥铺盖等综合治理措施。完美地实现了高浓度碱水在岩溶地带的有效控制。陈蓓等[29]、王中美等[30]的研究也颇具参考价值。罗爱平等[31]、张维润[32]另辟蹊径，用电渗析方法处理赤泥碱性废水，目前该方向的研究正处在探索阶段。

在减少和消除碱性赤泥矿浆对环境的潜在负面影响方面国外学者作了不少研究，这些成果概括为：添加石灰减少赤泥废料中碱的含量；开发赤泥在农业、工业上利用等。另外，赤泥在冶金、建材、化工等方面也具有很大的应用前景，如美国和日本等国家曾用赤泥作废水、废气的净化剂，这种低成本的方法收到了不错的效果。在德国北部平原，人们曾用赤泥作土壤改良剂，把荒地改造成肥沃的农田。

1.2.2　赤泥排水固结研究

目前针对赤泥排水固结的研究较少，但赤泥的排水固结问题与其他普通土有一定的类似之处，目前国内外对普通土的砂井排水系统、在荷载作用下的固结等问题均有一定的研究。

早在 20 世纪 30—40 年代，Rendulic（1935）、Carrilo（1941）、Barron（1940、1942）就开展了对砂井体系固结理论的研究。1948 年 Barron 总结了前人的研究成果，提出了不考虑井阻和涂抹作用的理想井固结理论和等应变条件考虑井阻和涂抹作用的非理想井固结理论，这些理论均建立在等应变和自由应变两种极端的条件下，虽然具有局限性，但是至今仍是砂井固结理论的经典。随着砂井技术的不断发展，袋装砂井和塑料排水带相继出现，理想井理论在实际应用中开始出现了颇多的问题，鉴于此，Yoshikumi（1974）和 Hansbo（1981）提出了考虑井阻作用的非理想井固结理论。1987 年谢康和提出了新的非理想井固结理论解，这一理论解物理概念清晰，计算方便，又可以转化成理想井的情况。

在施工控制指标的取值方面，目前工程基本上都采用的是单一的施工控制指标体系来控制加载速率，即指定一个沉降速率限值和一个水平位移速率限值等。《建筑地基处理技术规范》（JGJ 79—2002）[25]规定：“对竖井地基，最大竖向变形量每不应超过 15 mm，对天然地基，最大竖向变形量每天不应超过 10 mm；边桩水平位移每天不应超过 5 mm”。其他的相关规范也对此做了类似规定。很多学者就控制指标提出了很多新的想法，如 1991

年林孔锱[33]率先总结了砂井堆载预压加固地基的变形控制标准，为国内今后在该方向的研究奠定了坚实的基础。随后林本义（1993）[34]通过预压试验将沉降速率限值扩大到 25 mm/d。崔伯华（2003）[35]以京珠高速公路为研究背景，发现京珠高速单日最大沉降速率可控制在 20 ~ 25 mm/d 的范围内进行路堤填筑施工。2000 年林本义[38]在此基础上提出了一种综合考虑软土层厚度、土的压缩性和渗透性大小的经验公式来计算沉降速率限值。冯志军等（2004）[36]研究发现在极限填土高度以下和极限填土高度以上的控制指标是不同的，并分别确定了这两种情况下的单日沉降控制值和最大侧向位移。但是这一研究在广东西部沿海高速公路台山的软土路基的实施中却出现了问题，造成路基的侧向位移偏大[37]，在此不做赘述。张红艳[39]、方建勤[40]等人也就不同的工程做了探讨，但是均只针对该工程，未上升到理论的层次。国外近些年来关于这方面的研究有一定价值的是日本，他们就长崎港防波堤地基稳定性的研究[33]颇具代表性。

1.2.3 尾矿库安全性及渗漏污染研究

1830 年，Brent 尾矿坝的成功落成[41]开启了边坡和尾矿库坝体稳定性研究的时代，国外学者纷纷投入这一新兴领域，Blight GE[42]对南非五座尾矿库进行系统性研究，总结出溃坝灾害的原因。1995 年 A. M. D. Penman[43]发表了关于尾矿库的一般性原则的文章，开启了边坡坝体研究的新时代。紧接着，R. J Chandler[44]完整地将意大利 Stava 尾矿坝溃坝事故的成因和造成的损失整理到一起，其间涉及的很多防范性措施都是非常有价值的。Moxon S.[45]、Shakesby R. A. 等[46]、Strachan C. [47]则对西班、赞比亚和美国的一些金矿进行了研究，不但分析了灾害的成因，还提出了灾后的一些处治办法，他们提出的一些建议至今在处理溃坝问题上仍有借鉴价值。同时期的 Harper T. G.[48]、Hughes H. E. [49]、Scott M. D.[50]等人也做了这一方面的研究，总结出的经验与前人的相类似。

国内学者乔英卉[51]优化了拜耳法赤泥堆场中反滤层的设计，对土石坝中防渗漏的问题具有重要意义。另外，乔英卉[52]结合工程实例，采用二维有限元静力有效应力反应分析并提出了一种拜耳法赤泥和烧结法赤泥的混合堆存方案，并与之前的干湿混合堆放的先例进行对比，得出该方案无论在稳定性还是造价方面都具有很大的优势。孙运德[53]根据拜耳法赤泥的特性，研究出一种赤泥混合堆放方法，有效解决了低温拜耳法赤泥的堆放问题，并提出了“空间换面积”的先进理念，在赤泥堆放领域颇具工程价值。汪金卫[54]利用有限元软件结合工程实例，分析得出赤泥堆场垂直和水平双向结合的排渗措施有利于坝体的长期稳定，另外还提出了几种加固坝体的方法。张柏玲、朱占元等[55]对某已经呈泄露状态的赤泥堆坝进行了数值模拟，提出了综合排水、改良土壤、加筋支挡和挂网喷射护坡的综合加固方案，并通过数值模拟验证了该方案的可行性。罗敏杰等[56]研究了不同边坡参数条件下赤泥堆场的边坡稳定性，得到不同边坡条件下赤泥的最大堆高，这些对分析赤泥边坡坝体稳定性具有重要的参考价值。马光锁[57]为解决山西分公司 80 万吨氧化铝拜耳法赤泥排放、堆存问题，提出三种混合堆存方案并做了比较，最终得出“变湿为干、混合排放”的方法具有很大优势。王跃等[58]对研究中渗流稳定进行了分析，期间用到了很多值得借鉴的边坡稳定分析算法。

其他方面，如就尾矿坝的污染问题，Scorrell S[59]、Buselli G，Lu K[60]、Blight GE[61]、Ghomshei MM[62]等、Kemper T[63]等、Martin P[64]等、Femandes HM[65]等、Paulson[66]等 Langedal M[67]、Peters GP[68]等做了大量的污水监测，Peters GP[69]提出的治理方法尤为实用。另外，郑玉元等[70]、刘忠发等[71]、欧孝夺等[72]、Dr. Denes Bulkai[73]、田跃[74]、周云亮[75]、马光锁[76]在这一领域的其他方面研究都很有代表性。

1.2.4 非饱和土理论研究

对于尾矿库的上部新堆干法赤泥堆体，其是由压滤后的非饱和赤泥构成，故需要通过非饱和土理论对其进行研究，确定其稳定堆存坡度。目前国内外尚无专门针对非饱和赤泥的研究与试验，但非饱和土的基本理论亦是适用于非饱和赤泥的。

近年来，国内外从事非饱和土领域研究的人员越来越多，其中以 Bishop 和 Fredlund 等[77-88]为代表。1959 年，Bishop 曾对太沙基饱和土有效应力公式进行拓展，他用单一的变量描述了非饱和土的强度和变形，提出了 Bishop 非饱和土有效应力公式如下：

$$\sigma' = (\sigma - u_a) + \chi(u_a - u_w) \tag{1.1}$$

式中 σ'——非饱和土的有效应力；

u_a——非饱和土孔隙内的空气压力；

u_w——非饱和土孔隙内的水压力；

$(\sigma - u_a)$——净法向应力；

$(u_a - u_w)$——基质吸力；

χ——水压力占单位土面积的经验参数，与饱和度有关。

Bishop 的理论在当时引起了不小的轰动，但是随着认知的提升，人们逐渐发现这种非饱和土理论在解释湿陷现象时会有很大的欠妥之处[89]，这一点最终由学者 Jennings 和 Burland（1962）经试验证实了。

Fredlund 和 Morgenstern（1977）提出的非饱和土强度公式[90]如下：

$$\tau_f = (\sigma - u_a)\tan\varphi' + (u_a - u_w)\tan\varphi^b \tag{1.2}$$

式中 φ'——有效内摩擦角；

$\tan\varphi^b$——与土体含水量相关的系数（反映了基质吸力对土体强度的贡献情况）；

φ^b——与吸力大小相关的“内摩擦角”。

Fredlund 等人将 $(\sigma - u_a)$ 和 $(u_a - u_w)$ 视为地位等同的应力变量，采用双应力参数的方法，来对非饱和土的强度行为进行研究，并建立了非饱和土的非线性弹性本构模型，这些模型都采用所谓的“状态面”或“本构面”的概念，来较为形象地表征土体强度发展情况[91]。1993 年，Fredlund 与 Rahardjo 合作撰写的第一本非饱和土力学教材问世，该书详细介绍了适用于非饱和土的土压力理论[92]。

2006 年，美国科罗拉多矿业大学 Lu Ning 教授在文献[93]中首次提出非饱和土“吸应力”与“吸应力曲线（SSCC）”的概念，并认为吸应力可更直接、简便地表征基质吸力对土体强度的贡献；2008 年 Lu Ning 教授进一步阐述了非饱和土“基质吸力”是应力状态变量而非应力变量的观点[94]；他还与其他学者发明了一种测量土壤水分特征曲线和渗透系数特征曲线的实验室快速检测仪器[95~99]，利用该套试验设备，可以在一周内完整模拟干燥进程的脱湿试验和降雨入渗进程的吸湿试验的全过程，完成任意土样的水力特性循环试验，在时间和精度上都是学术界突破性的科研成果。利用联合研发的后期处理软件 Hydrus-TRIM 和土壤水分探头和土壤吸力探头等设备，团队成员制作出了边坡土体水力特征参数远程数据采集系统，并利用该系统对美国俄勒冈州 Elliott 州立森林公园、华盛顿州西雅图沿海地区等地的滑坡进行了实地不间断监测，成功预测了部分地段局部非饱和浅层滑坡的发生[100]。在这些成果的基础上，Lu Ning 教授和美国威斯康星大学 William J. Likos 教授将非饱和土领域内的第二本教材《非饱和土力学》[101]推出，一经发行便引起了土木界的广泛关注。

在现场数据监测方面，新加坡南洋理工大学的 H. Rahardjo 等人[102-105]选取位于新加坡的几处残积土堆积形成的边坡，在边坡内不同深度处安置用于测定孔隙水压力、含水量等参数的仪器，目的是研究不同降雨持时和降雨强度下边坡参数的变化情况。研究结果表明，受边坡土体降雨前的渗透系数等参数的影响，强度较低但持时更久的降雨事件，对边坡稳定性造成的不利影响，甚至会比高强度降雨对边坡造成的不利影响更大一些。

计算机数值模拟方面，相关领域研究人员将目光主要投向了降雨、库区水位变动等边界条件作用下，非饱和土边坡内的渗流场变化情况、边坡整体稳定性发展规律等方面的内容。如尚羽等人[106]通过 $FLAC^{3D}$ 数值模拟软件计算得到库区水位上升过程中安全系数随时间的变化表现为上升下降型，库区水位下降情况对边坡稳定影响最不利的结论；刘东燕、郑志明等人[107~109]利用数值模拟手段对选定的库区边坡进行稳定性分析，得到了不同水位变动情况下的边坡稳定情况，还从有效应力的角度对水位变动影响边坡稳定性的机理进行了研究；董金玉等人[110]利用岩土数值分析软件，考虑了堆积体与基岩基覆接触带介质的应变软化特征，对水库蓄水和下降过程中边坡的变形破坏特征进行了分析预测；王桂尧，付强等人[111]综合理论探究和软件模拟等手段将红黏土（非饱和状态）的强度、渗透性系数引入到路基内部渗流场中，通过动态模拟得出这两种因素对渗流场的影响规律，这一研究在非饱和土领域极具科研价值。

除了上述这些研究内容以外，部分学者还从较为新颖的角度对非饱和土特殊性质进行了研究，如王柳江，刘斯宏等[112]曾将多孔介质力学进行拓展，把经典物理学中的电荷平衡、守恒定律等理论的基础上，推导出三种耦合场作用下非饱和土的电渗固结方程，通过电、水和应力三者的有效融合完成非饱和土在新领域的研究。再有，李瑛、龚晓南也对堆载-电渗两场耦合作用的固结理论进行了系统的阐述[113]。这些研究工作，均是围绕着非饱和土宏观特性或本构模型展开的，而涉及孔隙水赋存、变化的方式，以及与土体基质吸力和边坡稳定性的本质性关系形式等方面研究尚不深入。

1.3 研究内容与技术路线

1.3.1 主要内容和组织结构

本书一共分为 7 章：

第 1 章为绪论，对项目的研究背景、研究意义和国内外研究现状进行了简述，并对文章的总体结构和内容进行了论述。

第 2 章介绍了对本书研究的某赤泥尾矿库的现场勘察及取样工作，并利用取回的赤泥样本进行了基本物理力学参数测定试验、固结系数测定试验和 SWCC、HCF 曲线测定试验。对部分试验结果进行了简要的分析，所有试验结果都将用于其他相关章节对具体尾矿库渗漏与稳定问题的相关及分析。

第 3 章对拟研究的上部干法赤泥堆进行科学简化，得到计算模型，并建立干法赤泥堆体稳定性计算有限元模型。按照非饱和渗流和强度理论，结合当地多年气象资料，计算、分析了多种降雨工况下的赤泥边坡安全系数的变化情况，得到了最优堆存坡角计算公式。

第 4 章建立了库池内软弱拜耳法赤泥在砂井及砂垫层排水条件下，承受上部干法赤泥连续线性加载时，赤泥的排水渗流方程，并求解该方程得到赤泥孔隙水压函数解析式，其中位置与时间是函数的自变量。利用该函数可以求解库池内赤泥在任意加荷速率下，任意点孔隙水压随时间的变化规律。结合第 2 章测定的拜耳法软弱赤泥的相关参数，给出作为研究背景的某铝厂赤泥尾矿库库池内赤泥孔隙水压变化曲线，并对针对库池的防渗漏问题，对尾矿库上部干法赤泥的加荷速率和砂井的布设参数进行分析和提出建议。

第 5 章推导得出了在上部干法赤泥连续堆载加荷的情况下，下部库池中软赤泥对尾矿坝侧推力随时间变化的函数解析表达式。通过分析和选取不同参数试算，得出该函数的五种不同的变化趋势图，并对五种图形对应的参数条件进行了分析。根据五种图形用数学手段对该函数的最大值进行研究，得出在尾矿坝极限抗力控制条件下，砂井布设的直径、间距与上部干法赤泥加荷速率三者之间的解析关系式。因解析关系式较复杂，另给出了求解的计算机程序。最后，结合第 2 章测定的下部软赤泥相关参数，给出了拟研究尾矿库超设计容量续堆过程中，库池内砂井布设与上部干法赤泥加荷速率之间关系的计算实例，并提出了相关设计建议。

第 6 章综合前面章节内容给出了赤泥尾矿库超设计容量续堆工程处治措施建议。

第 7 章为结论与建议，并对以后的研究工作进行了展望。

1.3.2 研究所用的技术路线

本书围绕赤泥尾矿库超设计容量续堆这个课题，采用室内试验、解析推导和数值模拟手段，对续堆过程中的高孔隙水压导致库池渗漏、过高侧推力导致尾矿坝溃坝及上部干法赤泥堆失稳滑坡问题进行了研究，得到了库池内软弱拜耳法赤泥孔隙水压分布和变化的规律、上部干法赤泥加荷速率与下部库池内砂井布设间关系以及上部干法赤泥堆考虑当地气象条件时的稳定堆存坡度。具体技术线路如图 1.12 所示。

1.4 本书的创新点

本书具有以下创新性成果：

（1）建立了在面砂垫层透水及连续线性加荷条件下，库内砂井排水软赤泥的孔隙水压函数解析表达式。

（2）在软赤泥孔隙水压函数的基础上，推导了库内软赤泥作用于尾矿坝的总侧推力函数及其图形表达，继而获得了尾矿坝极限抗力条件下的砂井口径、间距和上部干法赤泥加荷速率间的关系解析式。

（3）利用赤泥瞬态水力特性试验测定了贵州干法赤泥的土水特征曲线和渗透系数曲线，依据非饱和土渗流、强度理论及当地气象条件建立数值计算模型，得到干法赤泥堆体坡角与边坡安全系数的关系式。

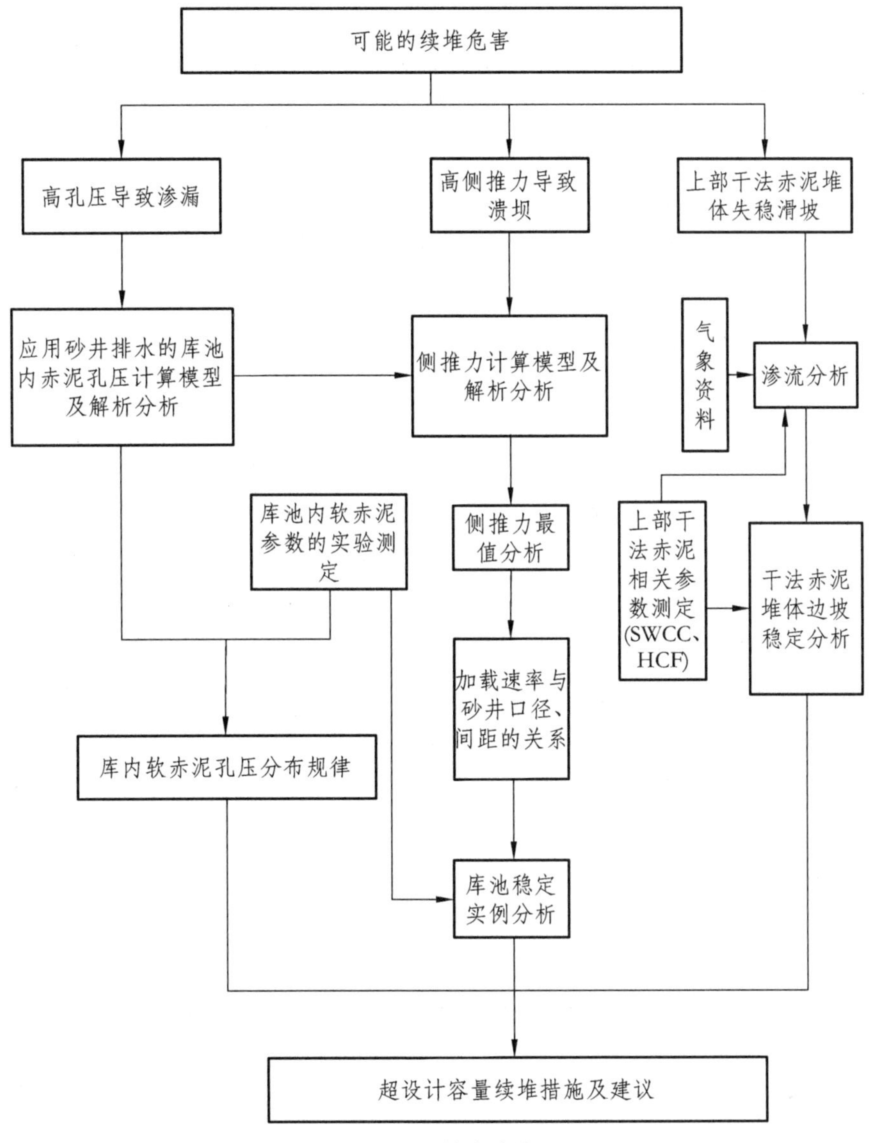

图 1.12 技术路线

2　赤泥物理力学特性及土水特征参数研究

2.1　赤泥的工程分类及现场勘察取样

2.1.1　赤泥的工程分类

赤泥是一种红色的、类似土壤颗粒的不溶性残渣，因其含有氧化铁呈红色而得名，主要矿物成分是氧化铝、氧化铁和氧化硅等。作为炼铝的附带产物，不同的炼铝方式必然会使赤泥存在不同的分类，最常见的有烧结法赤泥和拜耳法赤泥两种，1998 年至 2003 年我国六大铝业生产的赤泥排放系数统计数据[119]见表 2.1。拜耳法赤泥[图 2.1（b）]刚从生产线排出时含水量较大，固结的时间比较长，且它的颗粒比较细腻，性质类似于黏土；烧结法赤泥[图 2.1（a）]的颗粒相比于拜耳法赤泥较粗，从生产线排出时亦为软泥状态，但其具有一定水硬性。不同生产工艺产生的两种赤泥在组成结构方面也在很大的差异，刘东燕、侯龙等[120]将这两类干燥赤泥试样进行电镜显微分析，得到各自的电镜显微图像（图 2.2），微观上不同的组成结构也造成了两种赤泥力学性质的不同。

表 2.1　我国部分氧化铝厂赤泥排放系数统计表

单位：吨赤泥/吨氧化铝

项目	中铝公司					
	河南公司	山西公司	贵州公司	山东公司	中州公司	广西公司
产生系数	0.72～1.05	0.81～1.38	0.77～1.05	1.3～1.76	1.15	0.82～1.43
生产方法	联合法	联合、拜耳	联合法	烧结法	烧结法	拜耳法

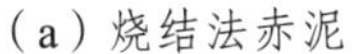

（a）烧结法赤泥　　（b）拜耳法赤泥

图 2.1　赤泥土样

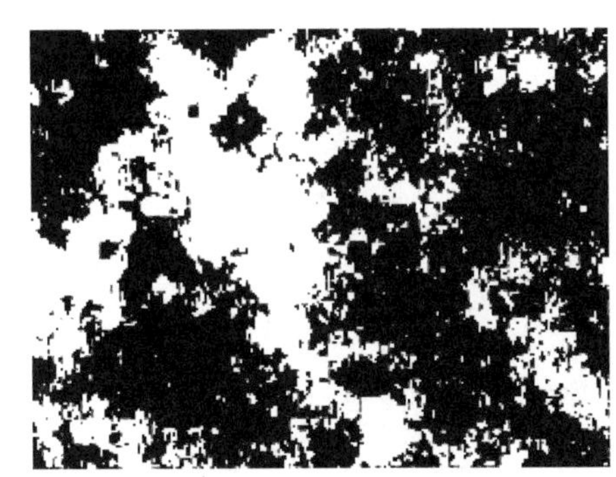

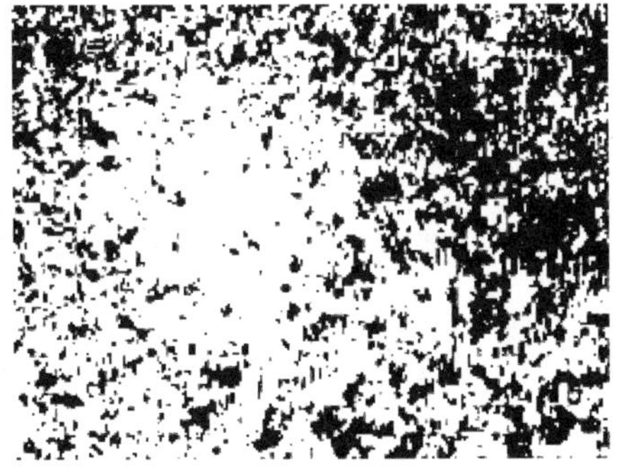

（a）烧结法赤泥　　（b）拜耳法赤泥

图 2.2　赤泥的颗粒形貌图（偏光显微镜放大 400 倍后）

目前赤泥主要有两类堆放方式，即排海堆存和陆地堆存。排海型堆存在澳大利亚、美国、日本等国家应用较广，陆地型是我国目前主要采用的堆存方式，也是处理大量赤泥的主要方法。陆地堆存有湿式堆存和干式堆存两种方式。湿法堆存是将赤泥残渣以 3 ~ 4 的液固比用隔膜泵和管道由氧化铝厂送到赤泥堆场，将赤泥经多次洗涤后，由沉降槽沉降分离并进一步脱水得到赤泥滤饼，经加水稀释后，由隔膜泵或活塞泵经管道送到赤泥堆场，赤泥浆由排放口排入赤泥库内（图 2.3），浆体中的泥粒子借重力自然沉降分离，并用回水塔收集赤泥附液。干法堆存则是近年来兴起的技术，由于压滤机技术的不断成熟和成本的持续降低，铝生产企业得以利用压滤机将高含水量的赤泥预先进行压滤，降低其含水量后再行排放入库，因排放的赤泥较干故称为干法堆存。干法赤泥的压滤流程为：将多次洗涤后经沉降槽分离的赤泥浆再一次脱水处理，再用机械强力搅拌赤泥滤饼，使其动力黏滞数降至 10 Pa・s 以下，最后用隔膜泵经管道送到赤泥堆场，进入堆场的干法赤泥已属于非饱和土范畴。赤泥堆上部无长期积水。在堆场内部，一部分赤泥附液由于表面蒸发而损失，另一部分赤泥附液通过底部砂石排水层疏排进入附液收集系统。从赤泥分离的附液和堆场内的雨水经收集系统收集后，由泵经回水管网送回氧化铝厂再利用。赤泥逐渐干化，自身稳定性增强，而且赤泥底部不需要采取特殊的防渗措施，有效地减少占地，利于场区及周围的环境保护，不会发生赤泥附液流失污染环境，因此干法压滤是目前处理赤泥的较好方法。

图 2.3　湿法赤泥排放管

2.1.2　现场踏勘及取样

在研究期间，本书作者对某大型铝业企业赤泥尾矿库进行了全面的现场勘查，并进行了各种赤泥土样的取样工作（详见图 2.4），对堆场内的工程地质水文地质情况、岩土体的力学性质、坝基稳定性和承载力进行了了解。赤泥压滤车间情况及压滤后的赤泥取样如图 2.5 和图 2.6 所示，干法赤泥的传送带运输及堆存情况如图 2.7 所示。

（a）密封入袋

（b）铲土取样

图 2.4　赤泥尾矿库现场取样

（a）车间全貌

（b）压滤设备

图 2.5　干法赤泥的压滤车间

图 2.6　压滤后的干法赤泥取样

（a）赤泥的传送过程

（b）赤泥的现场堆存

图 2.7　干法赤泥的传送带运输及堆存

经勘察证实，该铝厂赤泥尾矿库过去长期采用的是湿法堆存方式，已有库池内存有大量尚未充分固结的饱和拜耳法软弱赤泥，而目前堆存方法已升级采用干法堆存，干法赤泥超过原设计容量堆存于原有软弱赤泥之上。可见，设计上部赤泥最优堆存角度、促进原有软弱赤泥排水固结、消散库池中可能产生的过大超静孔隙水压力和避免发生溃坝等工程事故确实成为该类赤泥尾矿库亟待解决的实际问题。

2.2　赤泥的基本物理力学特性

为了研究超设计容量续堆对原有尾矿库的影响，并对上部干法赤泥堆体的堆角优化设计，需要对库池中拜耳法赤泥及上部干法赤泥的相关物理力学参数进行测定。通过现场踏勘，选取了代表性的赤泥样品，按照有关土工试验规程，对其进行了基本物理力学参数测定，主要包括以下内容。

2.2.1 赤泥的重度

测定干法赤泥天然重度，即测定赤泥在天然状态下单位体积的质量，主要试验仪器包括标准环刀、天平（精度 0.01 g）、切土刀和凡士林等。首先测环刀容积 V、称环刀质量 m_1，再取原状赤泥制备样品，环刀取土如图 2.8 所示，最后将取好赤泥样品的环刀放在天平上称量，记下环刀与湿土的总质量 m_2。按如下公式计算土的密度和重度：

$$\gamma = \rho_0 g = \frac{m_2 - m_1}{V} g \tag{2.1}$$

饱和湿法赤泥重度的测定基本步骤与上述相同，其过程如图 2.9 所示。试验中这两种赤泥的密度试验都进行两次平行测定。具体试验结果见表 2.2。

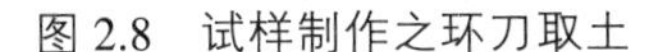

图 2.8 试样制作之环刀取土

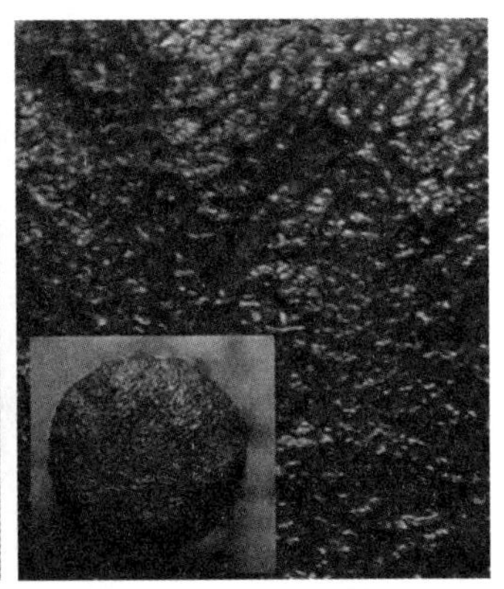

图 2.9 饱和拜耳法赤泥

2.2.2 赤泥的土粒比重和孔隙率

在设计上部最优堆存坡角时，涉及非饱和土水力特性，需对干法赤泥的土粒比重参数进行测定。下部湿法软赤泥的排水计算则需要其孔隙率参数。

土粒比重 G_s 是土体单位重度 γ_s 与 4 °C 时水的单位重度 γ_w 的比值，计算公式如下：

$$G_s = \frac{\gamma_s}{\gamma_w}(4\ ^\circ\mathrm{C}) = \frac{W_s}{W_s + W_2 - W_1} \times G_w \tag{2.2}$$

试验时，先称干土重（W_s），然后将干土放入比重瓶，加水加满后放入恒温水槽中 10 min，然后将比重瓶取出拿到秤上称得重量为 W_2，放到石棉心网上用酒精灯煮沸 10 min，煮沸后将比重瓶拿起再加水使比重瓶全满，称其重量为 W_1，即可应用上面的公式算得赤泥的比重。

为测定湿法堆存的拜耳法赤泥孔隙率，首先要测出赤泥的含水量。本试验用烘干法测定含水率，试验仪器有电热烘箱、天平、干燥器、称量盒等。先取代表性试样，放入质量为 m_0 的称量盒内，立即盖上盒盖，称湿土加盒总质量 m_1；再打开盒盖，将试样和盒放入烘箱，在温度 105 ~ 110 °C 的恒温下烘干，持续 8 h；将烘干后的试样盒取出，盖好盒盖，放入干燥器内冷却至室温，称干土加盒质量为 m_2，应用公式（2.3）计算赤泥的含水率；然后应用环刀法测定试验的湿密度 ρ_0，即可依据公式（2.4）计算孔隙率。具体试验结果见表 2.2。

$$w = \frac{m_w}{m_s} = \frac{m_1 - m_2}{m_2 - m_0} \times 100\% \tag{2.3}$$

$$n = \rho_0 \frac{m_1 - m_2}{m_0 \gamma_w} \tag{2.4}$$

2.2.3 赤泥的塑性指数

在计算下部赤泥的侧压力系数时，需要对赤泥的塑性指数进行测定（即塑限和液限值）。在实验室中，液限（w_L）通常采用联合液限仪测定，塑限（w_P）通常采用搓条法测定（图 2.10）。具体操作如下：

（1）剔除大于 0.5 mm 的颗粒，分别按接近液限、塑限和二者之间状态制备不同稠度的样品，静置湿润，静置时间可视原含水量的大小而定。当采用风干样时，取过 0.5 mm 筛的代表性样品 200 g，分成 3 份，放入 3 个盛土器皿中，加入不同数量的纯水，使其分别接近液限、塑限和二者中间状态的含水量，调成均匀土膏，然后放入密封的保湿器中，静置 24 h，保证含水状态的充分均匀。

（2）将制备好的土膏用调土刀调拌均匀，密实地填入试样杯中，应使空气逸出。高出试样杯的余土用刮土刀刮平，随即将试样杯放在仪器底座上。

（3）取圆锥仪，在锥体上涂以薄层凡士林。

（4）将圆锥顶角置于试样之上，轻放在自重下沉入试样内，经 5 s 后立即测读圆锥下沉深度。

（5）取下试样杯，取杯中 10 g 以上的试样 2 个，测定含水率。

（6）按（2）~（5）的步骤，测试其余两个试样的圆锥下沉深度和含水率。

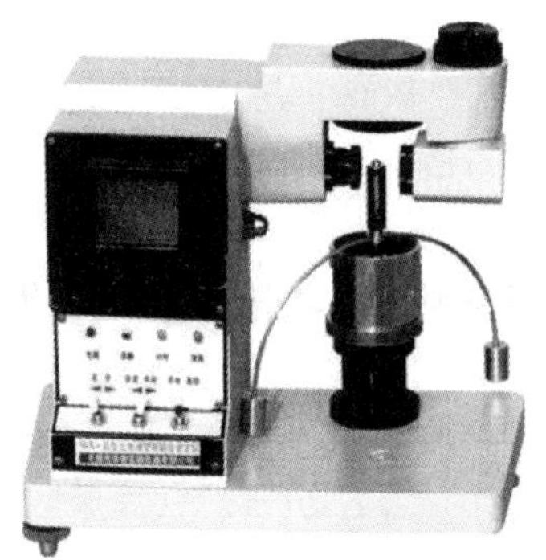

（a）光电液塑限联合测定仪

（b）搓条法

图 2.10　液限、塑限的测定

试验数据整理：

（1）计算含水量。

$$w=\left(\frac{m}{m_s}-1\right)\times 100\% \qquad (2.5)$$

（2）确定液限、塑限。

在圆锥下沉深度 h 与含水量 w 关系图上，查得下沉深度为 17 mm 所对应的含水量为液限 w_L；查得下沉深度为 2 mm 所对应的含水量为塑限 w_P，取百分比的整数部分。

（3）计算塑性指数 $I_P=w_L-w_P$（具体试验结果见表 2.2）。

表 2.2　赤泥土样的基本物理参数

物理参数	试验结果
干法赤泥重度/（N/cm^3）	1.63
饱和湿法赤泥重度/（N/cm^3）	1.75
干赤泥土粒比重/（g/cm^3）	2.61
湿法赤泥孔隙率/%	85.4
湿法赤泥塑性指数/I_p	21

2.2.4　赤泥的有效应力强度参数

为计算上部干法赤泥堆体边坡的最优坡角，需要取得干法赤泥的有效黏聚力 c'和有效摩擦角 φ'。对前期现场踏勘采集的干法赤泥用控制应变式直剪仪进行慢剪试验，按照堆载最大高度 20 m，计算得到最大压力为 370 kPa，主要的控制参数见表 2.3。

表 2.3　慢剪试验物理指标

孔隙率/%	含水率/%	试样高度/mm	环刀内径/mm	加载等级/级	最大加载/kPa
0.58	53	20	61.8	4	400

按照《土工试验方法标准》（GB/T 50123—1999）要求进行试验制作，取测力计读数峰值为该级荷载下的破坏强度，由抗剪强度与垂直压力关系曲线得到上部干法赤泥的强度 c=35.44 kPa，摩擦角 φ=arctan（0.412 9）=31.95°，考虑现场状况以及慢剪的充分排水过程，可认为测试结果基本等于有效黏聚力 c'和有效摩擦角 φ'。

2.3　赤泥固结试验

土体在外荷载作用下体积发生变化，这一变形特性称为土的压缩性。在室内有侧限单轴压缩实验中，土的压缩随时间而增长的过程，即土的固结。根据工程实际情况，拜耳法赤泥不具有水硬性，因此土体试验方法完全适用，为测定湿法堆存的拜耳法赤泥固结系数 C_v，需要进行赤泥室内标准固结试验。在工程现场用环刀切取天然状态下的原状土样，密封至实验室后将土样置于固结仪内（图 2.11），并在不同荷载作用下测定其土样压缩稳定后的孔隙比变化（实验稳定标准规定为 24 h）。

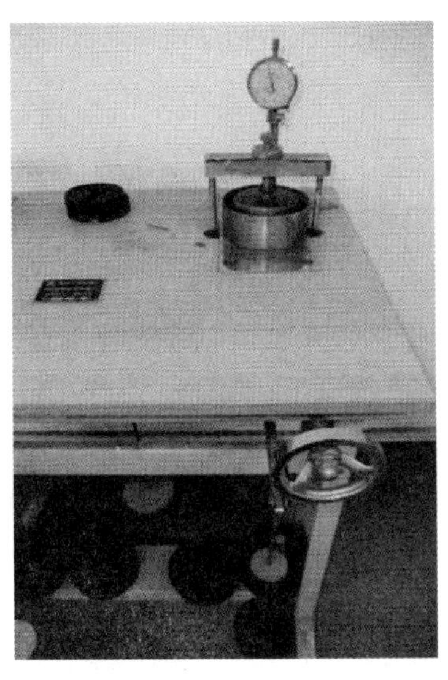

图 2.11 固结仪

根据《土工试验方法标准》（GB/T 50123—1999）[121]计算固结系数的常用方法，选取时间平方根法计算固结系数 C_v。对赤泥试件，分别画出 50 kPa、100 kPa、200 kPa、400 kPa 四种加载情况下的固结变形量 d（纵轴）与时间算术平方根 $\sqrt{t}$（横轴）的曲线，延长 d-$\sqrt{t}$ 交纵轴于一点，该点就是我们需要的理论零点，过零点 d_s 作横坐标偏移 1.15 倍的偏移直线 1，则直线 1 与 d-$\sqrt{t}$ 曲线交点所横坐标值即为试样固结度达 90%所需的时间 t_{90} 的算数平方根，此时 C_v 的表达式为：

$$C_v = \frac{0.848\overline{h^2}}{t_{90}} \tag{2.6}$$

式中，C_v 是赤泥的固结系数（cm^2/s）；$\bar{h}$ 是赤泥试样的最大排水距离（cm）。在该堆场中最大固结压力约为 370 kPa，运营时间为 8 年，考虑到排水过程的基本趋势，本书采用试验荷载为 200 kPa 的 C_v 值 0.002 cm^2/s。

依据前述测定的初始状态的孔隙率，换算孔隙比 $e=n/1-n$，结合每一级加载下试样的稳定高度，即可根据求解对应压力下的孔隙比，绘制得到 e-p

曲线，求取压缩系数 a。赤泥样本压缩系数测定为 0.8 MPa^{-1}。

$$e_i = e_0 - \frac{\sum h_i}{h_s} \tag{2.7}$$

$$a_{i-i+1} = \frac{e_i - e_{i+1}}{p_{i+1} - p_i} \tag{2.8}$$

2.4 赤泥瞬态水力特性试验

土体的水力学特性对于求解饱和-非饱和条件下的渗流、应力问题非常重要。以自由水势能为参考，土体孔隙水的热力学势能可用土体总吸力来量化。土体吸力是由许多物理和物理化学作用产生的，这些因素各自所起的相对作用大小取决于非饱和土-水-气三相系统中的含水量多少。SWCC（土-水特征曲线）正是用于描述这种土吸力与含水量之间本构关系的函数曲线。试验表明，各类土体的 SWCC 形状主要受土体材料性质等因素的影响，这些性质包括土的孔隙大小分布、土的颗粒大小分布、密度、有机物含量、黏土含量以及矿物对孔隙水的持有能力等。由于水力特性参数存在滞后效应，相应于不同水力路径条件（排水干燥与浸水浸湿）的特征曲线之间会有很大的差异。通常情况下，土体在首次干燥试验和紧接着的首次浸湿试验时，所对应的土-水特征曲线能够涵盖最广的数据范围，可称之为临界曲线，而此后继续进行的循环试验所得曲线所涉及的数据范围均会位于临界曲线以内，因此本书仅对上部干法赤泥临界水力特征曲线展开研究。试验时，孔隙水采集器实时记录土体含水量的变化情况，通过计算机控制终端，可设置数据采集的频率大小。

赤泥的渗透系数特征曲线（Hydraulic Conductivity Function，HCF）是与其含水量息息相关的变量，反映了赤泥容许水体渗透的性能。HCF 曲线的形状因土颗粒以及孔隙尺寸分布形式不同而发生变化。通常情况下，难以准确测定土体非饱和时不同含水量所对应的渗透系数值。利用 TRIM 试验仪器，整合试验数据，可计算得出不同含水量情况下的非饱和赤泥渗透系数值，进而可间接得到研究所需的函数关系曲线。

现今测定非饱和土水力特性参数的试验方法有很多，这些方法在试验成本、复杂程度和测量范围上各有不同，所得结果之间也差异较大，如可用于测定基质吸力的方法有张力计法、轴平移技术、接触式滤纸技术等；用于测定总吸力的技术方法有冷镜湿度计法，非接触式滤纸法等；而测定渗透系数则常用常水头法、常流量法、离心法、多步溢出法等技术手段。这些常用的试验方法存在的普遍的缺点是耗时长、数据量值范围较小，难以实时监测试验结果和控制试验进程等。鉴于此，在本书的研究中采用一种新型的试验方法——非饱和土瞬态水力特性循环试验法 Transient Release and Imbibition Method（TRIM），来得到后续研究所需的赤泥水力特性参数。TRIM 试验装置如图 2.12 所示。

图 2.12　TRIM 装置实物图

整套仪器主要由压力控制部、土样室、计算机控制终端（或称伺服软件）、孔隙水采集器及管路、储水槽等部件组成。仪器采用常见的轴平移方式控制土样基质吸力，即保持自由流动状态的孔隙水与外界常大气压下的水源相通情况下，通过控制施加的气压值就能得到处于稳定状态下的非饱和赤泥的基质吸力值。试验土样要预先在储有一定量水的真空容器内饱和（图 2.13），然后可先进行干燥（失水）试验，接着可进行浸湿试验（吸水），一个试验周期称为一个水力循环，一般的砂质土大约需要三天的时间，赤泥的时间大概在一周左右。如此反复，可进行若干工况条件下的水力特性试验。与现有非饱和土水力特性试验仪器相比，该仪器系统具有实时采集试验数据，精确确定孔隙水逸出气体体积，以及将高进气值陶瓷板水力特性和其对试验结果所造成的不利影响考虑进最终的数据修正工作中等特点。

图 2.13　饱和土样的装置

具体试验操作如下：

（1）制备赤泥试样。

试验所用土体为现场取得的上部堆存的干法赤泥，为了消除该赤泥中的残余孔隙水，将赤泥土样置于电烤箱内，在 200 °C 恒温条件下进行烘烤，这一过程大约需要 24 h，称取 m_s。测试土样的几何尺寸为 6.35 cm（直径）×2.36 cm（高），土样最终的孔隙率 n_p 可由下式来计算：

$$n_p = 1 - \frac{m_s}{G_s \cdot \rho_w \cdot V_t} \tag{2.9}$$

式中，m_s 为土样中固体颗粒的质量；G_s 为固体颗粒比重；ρ_w 是水的密度；V_t 为土样总体积；G_s 从前述土工试验里直接得到。

（2）赤泥饱和渗透系数测定。

饱和渗透系数反映了赤泥土体饱和时渗透水量的能力大小，是一个定量值，本文采用变水头法测定赤泥的饱和渗透系数，试验仪器如图 2.14 所示。变水头试验所用赤泥土样要与后面的瞬态水力特性循环试验所用土样具有相同的孔隙率，土样为柱形，几何尺寸为直径×高=7.64 cm×7.67 cm。为了平抑试验误差，分别进行三次试验，各个试验用时也不尽相同，最终的结果取三次试验的平均值。由于“滞后效应”的存在，土体在经受干燥和浸湿作用时，其水力特性参数会有所不同，故变水头试验所得的饱和渗透系数仅代表了土体在经受干燥作用前，尚处于饱和状态时的饱和渗透系数。而干燥后又经受浸湿作用，进而达到饱和状态时土样的饱和渗透系数，往往会较前者的小一些，该值最终会在进一步的研究中给予确定。变水头试验所涉及的参数及试验结果见表 2.4。

图 2.14 变水头法测定土样饱和渗透系数

表 2.4 用于干燥试验的土样饱和渗透系数

试验序号	土样横截面积/cm^2	土样高度/cm	试验用时/s	初始水头高度h_i/cm	最终水头高度h_f/cm	过水体积/cm^3	测量值/（cm/s）	平均值/（cm/s）
1-1	45.84	7.67	4 056	62.2	60.4	82.5	5.6×10^{-5}	
1-2	45.84	7.67	14 775	60.3	54.4	270.5	5.3×10^{-5}	5.3×10^{-5}
1-3	45.84	7.67	11 457	54.3	50.5	174.2	4.9×10^{-5}	

（3）赤泥土样、高进气值陶瓷板及管线的饱和。

TRIM 装置土样室底座嵌固的有高进气值陶瓷板，陶瓷板要在试验前置于储有一定量水的真空容器内进行饱和（置于水中），这个过程大约需要 5 h，直至其表面无气泡逸出，则可认为已经达到完全饱和状态。赤泥土样装入土样室后也要用同样的设备进行饱和，整个饱和过程用时依土样种类而定，需要 20 min（如粗砂）~ 10 h（黏土）。由于土样在首次饱和时的体积含水量值就等于其孔隙率，则根据计算得到的孔隙率和饱和前土样的含水量值，可大致估算出进水量达到多大时就足够使土样达到饱和。过多的水会滞留在赤泥土样表面，在试验开始前要予以排出。土样达到饱和后就可用管线与试验系统的其余部件相连接。连接完毕后要仔细检查各接口，确保无漏气现象，然后打开控制储水槽和控制孔隙水采集器的阀门，要储水槽内的水流入整个试验系统的各个管线内，并顺势将管线内和土样室底部的残留气体排出，防止残留气体破坏高进气值陶瓷板的正常工作状态。

（4）干燥与浸湿试验。

通过伺服软件来进行数据记载文件的创建，数据记载频率设定，试验启动等操作，伺服软件界面如图 2.15 所示。一般情况下，土样室内气压产生变动的初期阶段里，试验数据变化的最快，在这一时段把数据采集频率设定成 10 s 记录一次，大约持续 10 min，中期阶段可设定为 10 min 记录一次，而后期阶段可设定为 20 min 记录一次，典型的数据采集情况见图 2.16。

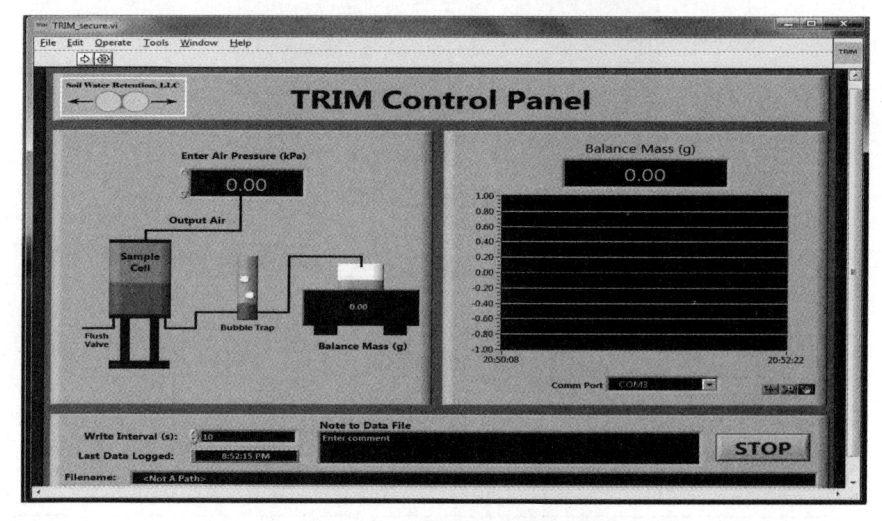

图 2.15　试验系统的伺服软件界面

预先估计赤泥土样的大致进气压力值，施加 2.0 kPa 的气压，用以排出赤泥土样表层滞留水分而又使土样维持在饱和状态，该过程大约持续 2 h，此阶段排出的水量不必计入。然后对赤泥土样施加略大于土样进气值的气压，本书取值约为 7 kPa，并在伺服软件里将相关参数调整好。此阶段下，赤泥土样开始进入非饱和渗流阶段，气体开始进入土中较大孔隙中，孔隙水也逐渐排出土样室，干燥过程开始。孔隙水采集器时刻监测土体水量变动情况，试验人员也可通过伺服软件来掌握该信息。当孔隙水量不再变化时，认为该阶段土体内的总吸力水头分布达到稳定状态，该阶段试验完成，这个过程大约需要 15 h。下一阶段，将对土样施加更大一级气压，并在伺服软件里将相关参数调整好，该级气压下非饱和赤泥达到稳定状态大约需要 48 h。试验者可根据试验目的和土样特点，合理安排整个试验所拟施加的气压级数。本书试验采用两级气压的形式：略大于土样进气值的小气压（7 kPa）和略小于陶瓷板进气值的大气压（相应于 150 kPa 陶瓷板的 140 kPa 或相应于 300 kPa 陶瓷板的 290 kPa）。

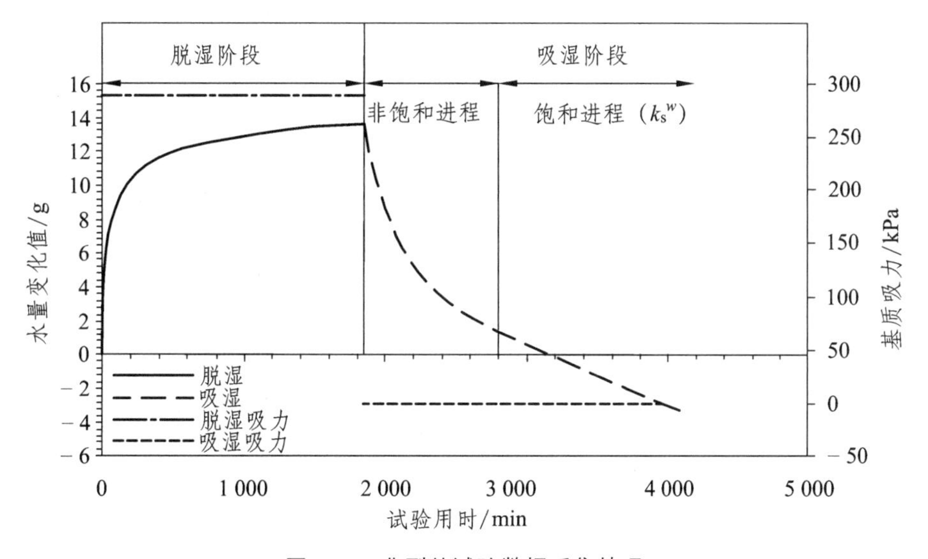

图 2.16　典型的试验数据采集情况

在干燥试验进行的过程中，一部分孔隙气体会在高压条件下溶解到孔隙水里，而当孔隙水通过饱和陶瓷板流出土样室后，由于压力的降低，这部分溶解的气体又会逸出来，并积聚在土样室陶瓷板基座的底面和部分管线中，原有位置处的水体也会被排到孔隙水采集器中。这些不属于土体孔隙水的水体会被当作孔隙水而记录下来，最终的试验结果也会与实际值之间有一定的差别。为了消除这些差别，需要在干燥试验结束后浸湿试验尚未启动前，人工排出这些逸出的气体，并通过一个专用装置收集。通过该装置可得到逸出气体的总体积，用于后续试验结果处理阶段的误差修正。

逸出气体排出管线和土样室基座后，即可开始浸湿阶段的试验，此时可逐渐降低气压值直至 0 kPa，并调整供水水槽内水面与土样室底面间的高程差。前者高程要高于后者以便于水流进赤泥土样里，与此同时，将记录水量变化的电子天平读数设置为 0，并在伺服软件里将相关参数调整好。该阶段试验刚开始时，赤泥土样进水量与试验用时是非线性关系的，当两者呈线性比例关系时，则可认为赤泥土样已经达到饱和状态，浸湿试验完成。该阶段试验大约要用时 10 h。

2.4.1 赤泥主要水力学特征参数试验研究

由于从试验结果中无法直接得到赤泥的水力特性参数，故需要在了解赤泥非饱和渗流特点的基础上，对试验数据做进一步拟合处理。本书采用 HYDRUS-1D 拟合计算程序，将赤泥土样几何形式、基本物理力学参数、各阶段试验用时、试验时的边界和初始条件输入软件后，软件会自动结合相关公式进行迭代求解，最终输出结果为赤泥土样体积含水量与试验时间之间的关系。若拟合所得的关系形式与试验直接得到的关系形式一致（图 2.17），则可认为计算机程序最终所提供的赤泥土样水力特性参数值即为实际值。建模参数可以在最终结果的反向拟合信息中查得（图 2.18）。最终所得赤泥土体的基本水力特性参数归纳于表中，相应特征曲线分别见图 2.19。

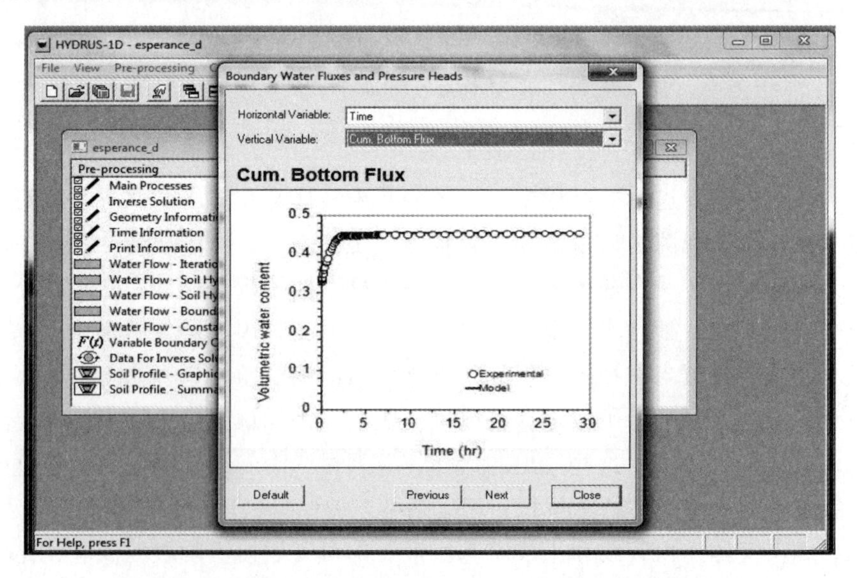

图 2.17　拟合值与实际值的比较（赤泥土样的吸湿试验阶段）

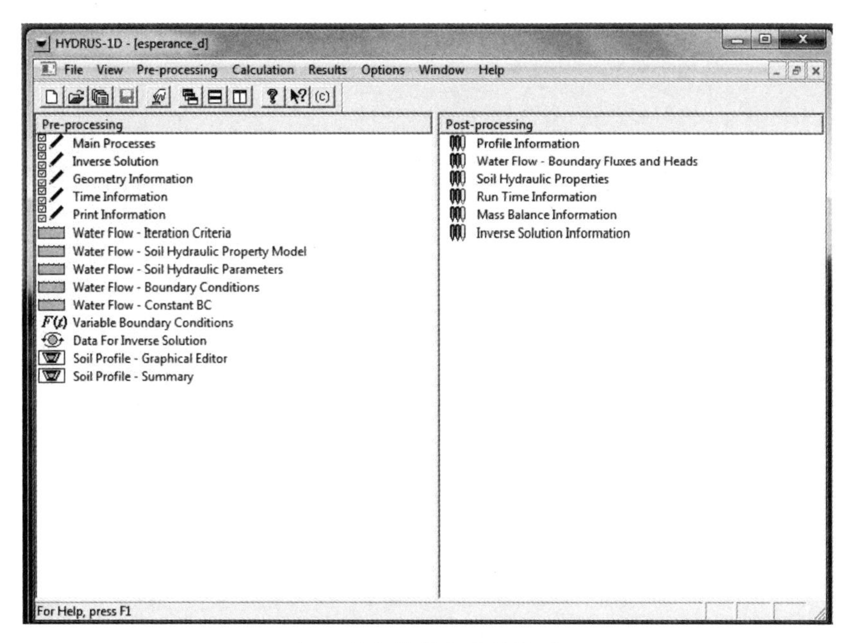

（a）拟合软件主分析界面

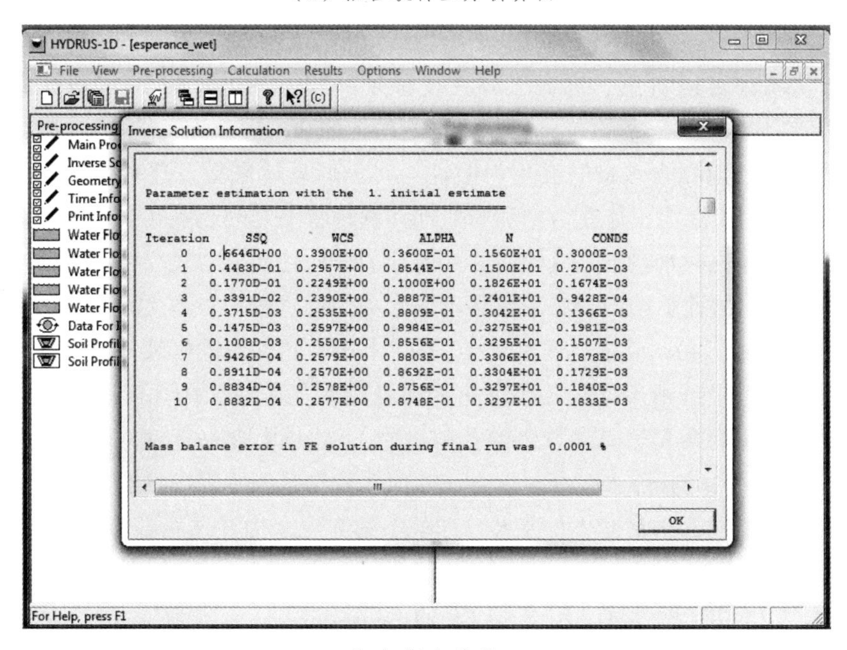

（b）拟合结果

图 2.18　最终建模结果在 TRIM 软件中的展示

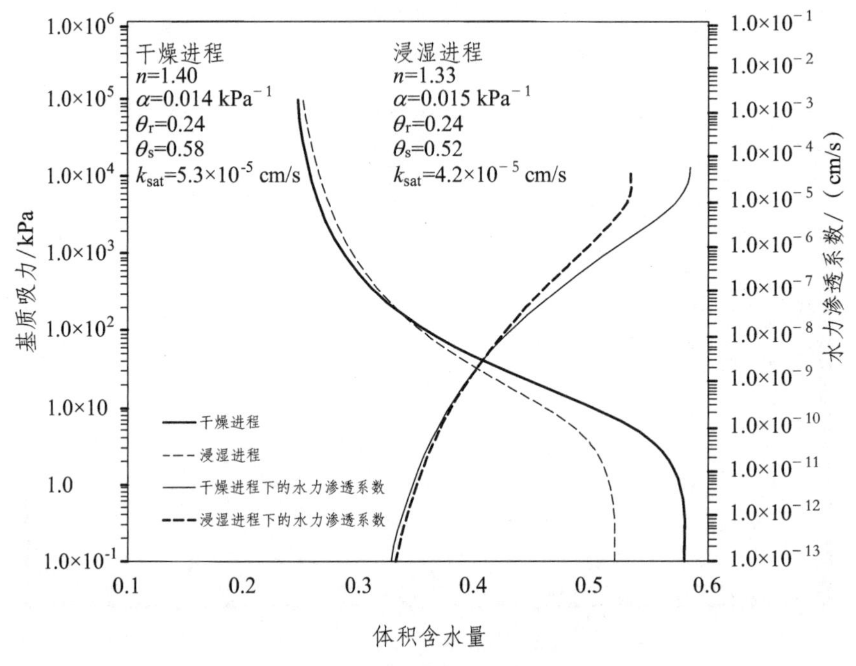

图 2.19　赤泥的水力特性曲线

从图中可以看出，赤泥土样在浸湿进程和干燥进程的土-水特征曲线（SWCC）会存在一定的差异，也即非饱和土的“滞后效应”，这种效应在含水量接近于饱和含水量时会更为明显一些。但总体来看，这种差异并不明显，这说明了赤泥土体在由饱和与非饱和两种状态之间相互转换，以及在非饱和状态时的含水量不断变化时，其内部的结构性能相对较为稳定。这主要表现在赤泥的孔隙结构分布系数在不同水力作用进程时，是大致相同的（干燥进程时 n=1.40，浸湿进程时 n=1.33）。由于不同水力进程时，孔隙水体所行走的路径是有所不同的（干燥进程时孔隙水先由较大的孔隙中排出，而浸湿进程时则会先填充满较小的孔隙之中），故相同含水量时，相应于干燥进程的赤泥内的孔隙水赋存位置会与相应于浸湿进程赤泥内的有所不同。这也导致了相同含水量时，两种水力进程下的赤泥水力渗透系数会有所差别。

2.4.2　赤泥非饱和渗透系数拟合分析

土体的渗透系数（HCF）是与其含水量大小息息相关的一个变量，它反映了土体容许水体渗透的性能，这种性能要受到土体颗粒大小以及孔隙尺寸分布形式的控制。通常情况下，难以准确测定赤泥土体非饱和时不同含水量所对应的渗透系数值。本章利用已有试验数据，通过经验公式来计算得出所需的非饱和赤泥渗透系数函数关系曲线。根据 Mualem 等人的研究成果，我们可得到下列函数式[122]：

排水干燥进程：

$$k^{\mathrm{d}}=k_{\mathrm{s}}^{\mathrm{d}}\frac{\left\{1-\left(\alpha^{\mathrm{d}}|h|\right)^{n^{\mathrm{d}}-1}\left[1+\left(\alpha^{\mathrm{d}}|h|\right)^{n^{\mathrm{d}}}\right]^{\frac{1}{n^{\mathrm{d}}}-1}\right\}^{2}}{\left[1+\left(\alpha^{\mathrm{d}}|h|\right)^{n^{\mathrm{d}}}\right]^{\frac{1}{2}-\frac{1}{2n^{\mathrm{d}}}}} \tag{2.10}$$

浸水浸湿进程：

$$k^{\mathrm{w}}=k_{\mathrm{s}}^{\mathrm{w}}\frac{\left\{1-\left(\alpha^{\mathrm{w}}|h|\right)^{n^{\mathrm{w}}-1}\left[1+\left(\alpha^{\mathrm{w}}|h|\right)^{n^{\mathrm{w}}}\right]^{\frac{1}{n^{\mathrm{w}}}-1}\right\}^{2}}{\left[1+\left(\alpha^{\mathrm{w}}|h|\right)^{n^{\mathrm{w}}}\right]^{\frac{1}{2}-\frac{1}{2n^{\mathrm{w}}}}} \tag{2.11}$$

式中：k 为渗透系数函数；k_{s} 为土体饱和渗透系数值，已由试验得出；h 为基质吸力的水头值；n^{d}、n^{w} 分别表征不同水力路径条件下（干燥或浸湿）的土体孔隙特性参数；α^{d}、α^{w} 为不同水力路径条件下的土体进气压力值；θ_{r} 为残余体积含水率，θ_{s} 为饱和体积含水率。函数符号中的上标 d 指相应于排水干燥进程，而 w 则指代浸水浸湿进程。由此，可通过试验和拟合手段得到所需的数据，用于计算得出不同含水量情况下的非饱和赤泥渗透系数值，进而可间接得到研究所需的函数关系曲线。得到的最终赤泥的水力特性参数见表 2.5。

表 2.5　最终得到的赤泥水力特性参数表

α^{d}/kPa^{-1}	α^{w}/kPa^{-1}	n^{d}	n^{w}	$\theta_{\mathrm{s}}^{\mathrm{d}}$	$\theta_{\mathrm{s}}^{\mathrm{w}}$	$\theta_{\mathrm{r}}^{\mathrm{d}}$	$\theta_{\mathrm{r}}^{\mathrm{d}}$	$k_{\mathrm{s}}^{\mathrm{d}}$ /（cm/s）	$k_{\mathrm{s}}^{\mathrm{w}}$ /（cm/s）
0.014	0.015	1.40	1.33	0.58	0.52	0.24	0.24	5.3×10^{-5}	4.2×10^{-5}

另外，由上述分析以及图 2.19 可知，赤泥土样的渗透系数特征曲线

（HCF）也表现出一定的滞后效应，这体现在同一含水量时，干燥进程时的渗透系数要略小于浸湿进程的。与土-水特性曲线相类似的是，这种现象在含水量接近于饱和含水量时，也会更为明显一些。

2.5 本章小结

本章阐述了铝业生产中赤泥的分类及其主要工程性质，并对拟研究区域的赤泥进行常规土力学试验。并重点对上部堆场的干法赤泥采用室内瞬态水力循环试验系统，进行了浸湿进程和干燥进程两种不同水力条件下的试验，得到了后续研究所需的几种主要水力特性参数。由试验结果可知，较之常见土体而言，赤泥土的非饱和“滞后效应”不明显，这主要是由该种土体颗粒较为细腻、内部结构较为稳定等原因造成的。而由于不同水力进程时，孔隙水行进的路径是不同的，故在相同含水量时，两种水力进程下的赤泥水力渗透系数会有所差别。

3　干法赤泥堆体稳定性研究

3.1　干法赤泥堆体稳定计算模型

根据地形条件的不同，尾矿库可以分为三种类型：山谷型尾矿库、傍山型尾矿库和平地型尾矿库（见图 3.1）。

（a）山谷型尾矿库

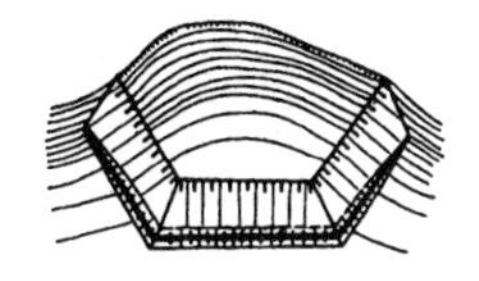

（b）傍山型尾矿库

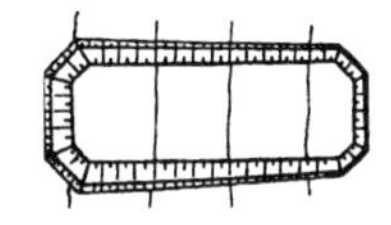

（c）平地型尾矿库

图 3.1　尾矿库的分类

本书中干法堆存的赤泥堆体即相当于平地型尾矿库，在一定程度上也可以视其为一个人工边坡工程。随着堆载高度的增加，堆体力学稳定性将逐渐降低，加上降雨的入渗弱化作用，其边坡有失稳滑坡的可能，有必要建立相应模型对干法赤泥堆体进行计算分析。

堆场当前状态如图 3.2 所示，干法赤泥堆体坐落于原有湿法堆存的软弱赤泥之上，斜线部分为原有湿法软弱赤泥，设计干法赤泥堆体最大堆载高度 20 m。

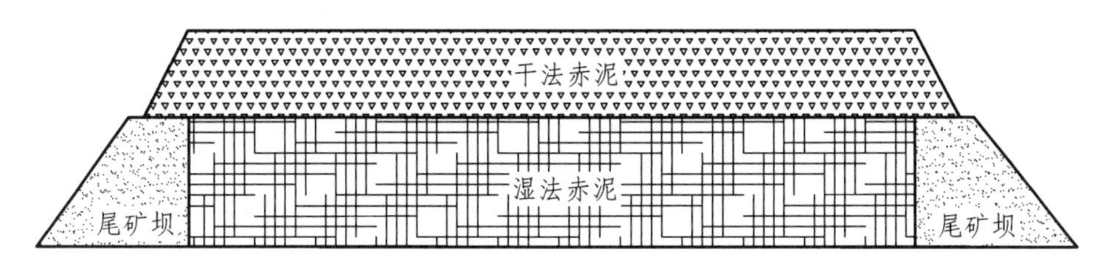

图 3.2　堆场加高设计示意图

从示意图可见，新堆干法赤泥最终形态将呈现一个高宽比很小的等腰梯形，两侧为自然临空边界，底面为原有软弱赤泥库池，两种赤泥之间铺设有土工布和沙垫层作为排水设施。故干法赤泥堆底边界为可视为自然排水边界。为了保证干法赤泥堆体边坡的稳定，通常还会在场地中间还设置竖向集水井（图 3.3），用于收集地表降雨和赤泥渗水。

图 3.3　干法赤泥堆体中央的排水井

上部干法赤泥堆体的堆存过程中，我们最关心的是其稳定性问题，即在不同气象条件下保证堆场边坡的安全稳定，并由此计算确定干法赤泥边坡的最优堆存坡度。由于影响赤泥堆体边坡稳定性的有干赤泥的物理力学特征、水力学特征、堆存角度、排水条件和变形约束情况等众多复杂因素，故为了求解上部堆载体的合理堆存坡度，需要对现场情况进行合理简化，忽略对结果影响较小的因素，抽象出核心问题进行研究。通过将现场情况理想化，在 Geostudio 软件中建立了上部干法赤泥堆载稳定性计算有限元模型（图 3.4），其中红色部分为干法堆存的赤泥，中间蓝色部分为集水井，底部为透水边界（注：计算时设置了一道砂垫层来保证边界的稳定性），中央集水井设置为自由水头边界以模拟其集水排水功能。模型具体尺寸为：

长 302 m，高 20 m，中央集水井直径 2 m。

软赤泥在尾矿库内均匀分布，且受到尾矿坝的侧限作用，故在上部干法赤泥作用下，软赤泥只发生垂直向变形，在整个库内范围来看，垂直变形属于均匀沉降，对上部干法赤泥堆体的最危险滑面位置不产生影响；且在干法赤泥均匀加载情况下，只要尾矿坝不破坏，最危险滑面就很难延伸到下部软赤泥中，故在做最危险滑面分析时可将干法赤泥堆体底面视作刚性支承面。

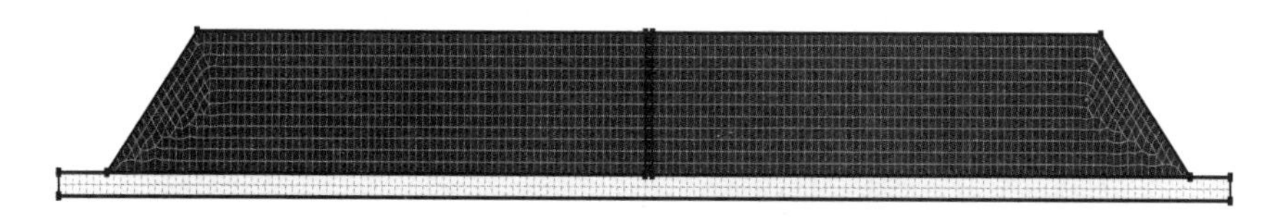

图 3.4 上部堆载有限元模型

3.2 计算理论与计算软件

3.2.1 饱和-非饱和渗流理论

1856 法国工程师 Darcy 通过饱和沙层的渗透试验，得出了渗透流量（流速）和水头梯度成正比的 Darcy 定律，孔隙水头在处于非饱和状态下的土体和饱和土体一样，也遵循热力学第二定律，即水会从能量高的区域自发向能力低的区域运动。现有的研究结论认为，在一般的情况下，Darcy 定律同样适用于非饱和土体，驱动水分在土体中渗流的动力依然是水头，只是将传统水压力水头进行扩展，包括位置水头、压力水头和来自毛细作用等细观力的基质吸力水头。同时由于水在非饱和土体中运动时，渗流通道都是围绕土颗粒本身，随着饱和度加大通道也在变化，因而导水系数将不是一个常数。Richards[123]于 1931 年将 Darcy 定律推广，延伸应用于非饱和水流中，并假定了非饱和渗透系数为土基质势 h 的函数，即：

$$v = -k(h)\nabla H \qquad \text{或} \qquad v = -k(\theta)\nabla H \tag{3.1}$$

式中，∇H 为饱和流场中的总水势梯度；k 为导水率（渗透系数），是非饱和土基质势 h 或含水率 θ 的函数。

质量守恒定律是物质变化和运动所遵循的基本原理，表征流体在多孔介质中的运动规律的渗流连续性方程即是基于该原理得出。将广义 Darcy 定律和渗流连续方程相结合，可以推导出孔隙水运动的基本运动方程。基本假设为：固体颗粒骨架仅发生小变形，土水均不可压缩。

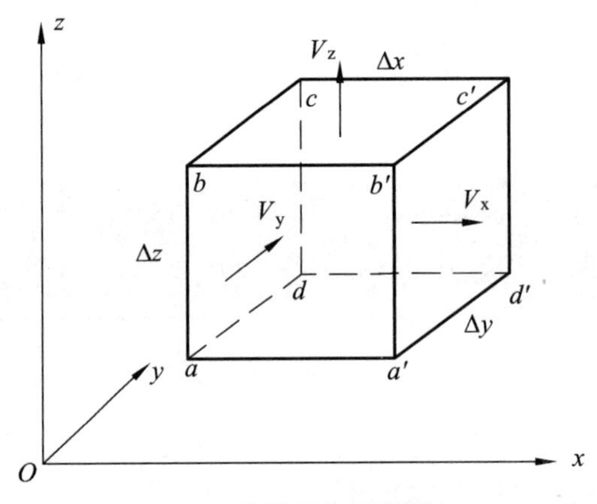

图 3.5　渗流平衡计算单元

在土体中取微元体，分析时刻 t 变化到（$t+\Delta t$）时间内微元体中的水量守恒问题。设土体孔隙率为 n，由流入流出质量守恒（不可压缩，也即体积守恒）容易得到：

$$-\left[\frac{\partial v_x}{x}+\frac{\partial v_y}{y}+\frac{\partial v_z}{z}\right]\cdot\Delta x\Delta y\Delta z=\frac{\partial}{\partial t}(n\Delta x\Delta y\Delta z) \tag{3.2}$$

当把等式右侧的孔隙度 n 换成体积含水率 θ 时，即成为描述非饱和介质的运动方程。从而有：

$$-\left(\frac{\partial v_x}{x}+\frac{\partial v_y}{y}+\frac{\partial v_z}{z}\right)=\frac{\partial\theta}{\partial t} \tag{3.3}$$

按照求解目标的不同，上述微分方程可改写为以压力水头 u，含水量 θ，孔隙度 n 等为因变量的各种形式。将式中的速度变量用水头和导水系数参数，依达西定律进行替换，可以得到求解饱和非饱和渗流的控制方程：

$$\frac{\partial}{\partial x}\left(kx\frac{\partial h}{\partial x}\right)+\frac{\partial}{\partial y}\left(ky\frac{\partial h}{\partial y}\right)=\rho_{\mathrm{w}}gm_2^{\mathrm{w}}\frac{\partial h}{\partial x} \tag{3.4}$$

在不同边界条件下求解上述微分方程组即可求解饱和-非饱和渗流问题。

3.2.2 饱和-非饱和强度理论

按照经典土力学理论，如果采用有效应力和莫尔-库仑破坏准则来描述抗剪强度对基质吸力的依赖程度是一种合理的方法。采用有效应力理论的一个实用的优点为该理论保留着经典土力学理论中的内容，因此，只需要对现有的在很多计算机程序中使用的应力-应变弹塑性理论或本构方程做微小的改进。如 Bishop（1959）早期所建议那样，非饱和土中的有效应力可通过联合使用两个独立的状态变量[净法向应力（$\sigma-u_{\mathrm{a}}$）和基质吸力（$u_{\mathrm{a}}-u_{\mathrm{w}}$）]和一个材料变量（有效应力参数 χ）来定义。则 Bishop 有效应力公式可表示为：

$$\sigma' = (\sigma - u_{\mathrm{a}}) + \chi(u_{\mathrm{a}} - u_{\mathrm{w}}) \tag{3.5}$$

式中，有效应力参数 χ 与土体的饱和度成一定的函数关系，反映了基质吸力对有效应力的贡献程度。对于饱和土，其孔隙气压为 0，孔隙水压为压应力或为正值，此时的 χ 等于 1，公式 $\sigma' = (\sigma - u_{\mathrm{a}}) + \chi(u_{\mathrm{a}} - u_{\mathrm{w}})$ 就简化为太沙基经典有效应力公式 $\sigma' = (\sigma - u_{\mathrm{w}})$。对于完全干燥的土，相应的 χ 等于 0，此时的有效应力为总应力与孔隙气压的差值 $\sigma' = (\sigma - u_{\mathrm{a}})$。对于部分饱和的土，$\chi$ 与饱和度或基质吸力成一定的函数关系。由于不能直接通过试验测定或者控制有效应力参数 χ，众多学者对求解 χ 做出了尝试，并取得较多成果。其中接受度较高的为 Lu Ning 等人的研究成果，即通过含水率和饱和含水率关系换算得到 χ 值，其表达式为

$$\chi = \frac{S - S_{\mathrm{r}}}{1 - S_{\mathrm{r}}} = \frac{\theta - \theta_{\mathrm{r}}}{\theta_{\mathrm{s}} - \theta_{\mathrm{r}}} \tag{3.6}$$

3.2.3 饱和-非饱和边坡稳定理论

计算饱和-非饱和边坡稳定与传统计算方法相比主要变化在于需在求出坡体的水分场后，按照非饱和强度理论得到不同含水率情况下的土体强度，然后代入现有的稳定性计算理论中。常用的边坡稳定性计算理论如下所述。

（1）通用极限平衡法。

该方法利用弯矩平衡下的安全系数 F_m 和力平衡下的安全系数 F_f 两个系数方程中共有的变量 N（各土条底部的法向力总和）计算出了 λ 的取值，并给出了三者的关系曲线，通过寻找 F_m 和 F_f 的交点。通用极限平衡法既满足了力的平衡，又满足的弯矩的平衡。

（2）普通条分法或称瑞典条分法。

该方法在早期的手算中应用较为普遍，计算中不考虑土条两侧的作用力，用某一点的所有的受力来描述试验滑动面，并计算安全系数。安全系数 F_s 等于沿着滑动面的实际的总剪切力除以总的垂向驱动力，不考虑孔隙水压力作用时安全系数 F_s 的表达式如下：

$$F_s=\frac{\sum(c\beta+\tan\varphi)}{\sum W\sin\alpha} \tag{3.7}$$

式中，c 为凝聚力；β 为滑弧的长度；W 为土条的重量；φ 为内摩擦角；α 为土条底面中点的法线与竖线的交角；$N=W\cdot\cos\alpha$，为法向力。这种方法最突出的优点是可以绘制滑动力图和力多边形图，但是这一不同于其他方法的优势也是该方法的劣势所在，由于力多边形不能很好闭合，用这种方法可能会得出不准确的安全系数。

（3）Bishop 法。

该方法考虑了土侧间法向力，最终推算出没有孔隙水应力的情况下的土坡安全系数公式，这一公式与瑞典条分法的公式有很多相似之处。

$$F_s=\frac{\sum\left[(c\beta+W\tan\varphi)\left(\cos\alpha+\frac{\sin\alpha+\tan\varphi}{F_s}\right)\right]}{\sum W\sin\alpha} \tag{3.8}$$

（4）Janbu 一般条分法。

广义的 Janbu 方法仅仅满足整体力的平衡，力矩平衡仅在单个土条内部满足。广义的 Janbu 方法仅计算力平衡时的安全系数，整体力矩平衡时的安全系数是不能计算的，即可以达到力矩平衡，但力的平衡是不能达到，如图 3.6 所示。

（5）Morgenstern-普赖斯法。

该法考虑条间剪力和正应力、同时满足力矩平衡和力的平衡，使用

GeoStuidio 软件时可提供多种条间力函数。如在 SLOPE/W 中可以使用的条间力函数有：常量、半正弦、半余弦、梯形，离散数据点等。

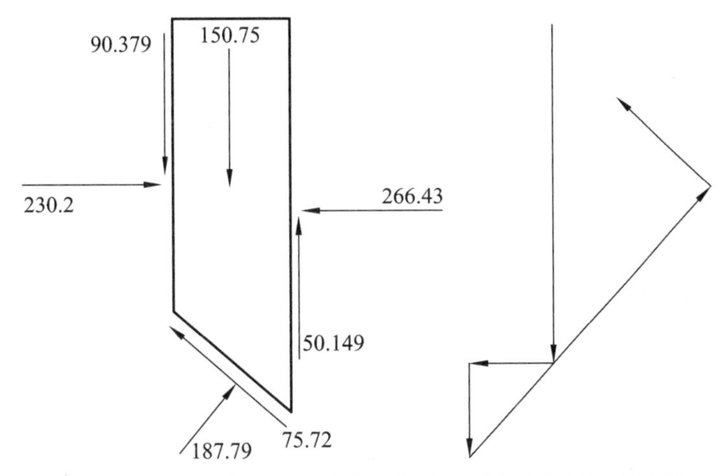

图 3.6　Janbu 一般条分法力矩平衡多边形和力的不平衡情况

纵观以上方法，在 SLOPE/W 中，Bishop 法，Janbu 法和 Morgenstern-普赖斯法都是一样的，计算的土条抗剪强度随着一个全局系数而改变（类似于 λ），直到整个力的平衡和力矩平衡都满足。其实极限平衡方法并不需要形成真实的应力分布，只要寻找条间力可以确保每一个土条的力的平衡，就可以确保每一个土条有一个恒定的安全系数。

此外，在《尾矿堆积坝岩土工程技术规范》（GB 50547—2010）中对尾矿库的等级进行了如表 3.1 的分类，对于规模较大、下游有重要城镇和工矿企业、交通运输设施等的尾矿坝，一旦泄露将造成严重的灾害，因此需要将这类库坝将确定的防洪标准提高一个或两个等级，以保证防洪的安全度。表 3.2 列出了对不同等级的尾矿坝坡稳定安全系数的最小要求。

表 3.1　尾矿库级别分类

尾矿库级别	全容量/万立方米	坝高/m
一	供二等库提高级别用	
二	库容≥10 000	坝高≥100
三	1 000≤库容<10 000	60≤坝高<100
四	100≤库容<1 000	30≤坝高<60
五	库容<100	坝高<30

表 3.2　关于坝坡抗滑稳定安全系数 K 的规定

计算条件	一级坝		二级坝		三级坝		四级坝	
计算方法	简化毕肖普法	瑞典圆弧法	简化毕肖普法	瑞典圆弧法	简化毕肖普法	瑞典圆弧法	简化毕肖普法	瑞典圆弧法
正常运行	1.50	1.30	1.35	1.25	1.30	1.20	1.25	1.15
洪水运行	1.30	1.20	1.25	1.15	1.20	1.10	1.15	1.05
特殊运行	1.20	1.10	1.15	1.05	1.15	1.05	1.10	1.00

以上条款亦是对干法赤泥堆体边坡进行稳定性计算的重要依据。

3.2.4　计算软件

上部干法赤泥堆体的边坡稳定作为一个饱和-非饱和渗流和应力耦合问题，其影响因素包括土的固、液、气三相的体积比、空气压力、土骨架变形、溶质吸力和温度等，因此，要建立全面考虑上述因素的控制方程并求出各种边界值问题的解是一项艰巨的任务。Geostudio 系统软件着眼于手算不能很好实现的经典条分法和极限平衡理论，是由加拿大著名的岩土软件开发商 GEO-SLOPE 公司开发的，面向地质采矿等多领域的一套仿真分析软件，目前已被广泛应用于岩土工程分析中，肖慧等[124]曾用该软件对某尾矿坝库进行过四种极限平衡方法的静力稳定分析，证实了该软件在实际工程中的可行性和准确性。另外，Geostudio 软件中稳定性分析中计算孔隙水压力和应力有限元方法，还克服了纯极限平衡法的某些局限性。根据以往的工程经验我们知道，稳定性也许并不是决定一个边坡保持安全稳定状态抑或是滑坡的唯一因素，但是它却扮演着最关键的角色。该软件充分考虑了除安全因素外的多方面因素，旨在将经典的理论进行实际的重现而并非过多的限制它。因此，设计中 SLOPE/W 提供了许多工具来检查输入的数据和评价结果，例如可以顺着滑移面画出一份含不同变量的清单，或是可以展示出对每一条块的具体影响。这些工具对判断和确认结果极为重要。

本书采用 GeoStudio 的 SEEP/W 模块计算设计工况下的堆场渗流场，获取孔压和水分场分布，然后对每一步渗流计算结果采用 SLOPE/W 模块求解边坡安全系数，得到降雨过程中边坡稳定变化，最后分析坡度和安全系数变化关系，提供最危险工况下的稳定堆存坡角。

3.3 计算参数选取及工况设计

计算上部堆体的饱和-非饱和渗流场时，主要需要的是水力学参数，包括土水特征函数和导水系数函数。这两个函数中直接包含了饱和含水率、残余含水率和饱和渗透系数等渗流计算必要参数。将第 2 章中试验得出的 SWCC 曲线和 HCF 曲线按照预定格式导入 Geo-SEEP/W 模块即可。导入后的结果如图 3.7 和图 3.8 所示。按照设定的计算天数，将三种降雨工况以边界流量与时间的函数关系导入到 Geo-SEEP/W 中，导入后的结果如图 3.9 所示。完成边界条件和初始条件设定后，即可开始渗流计算。

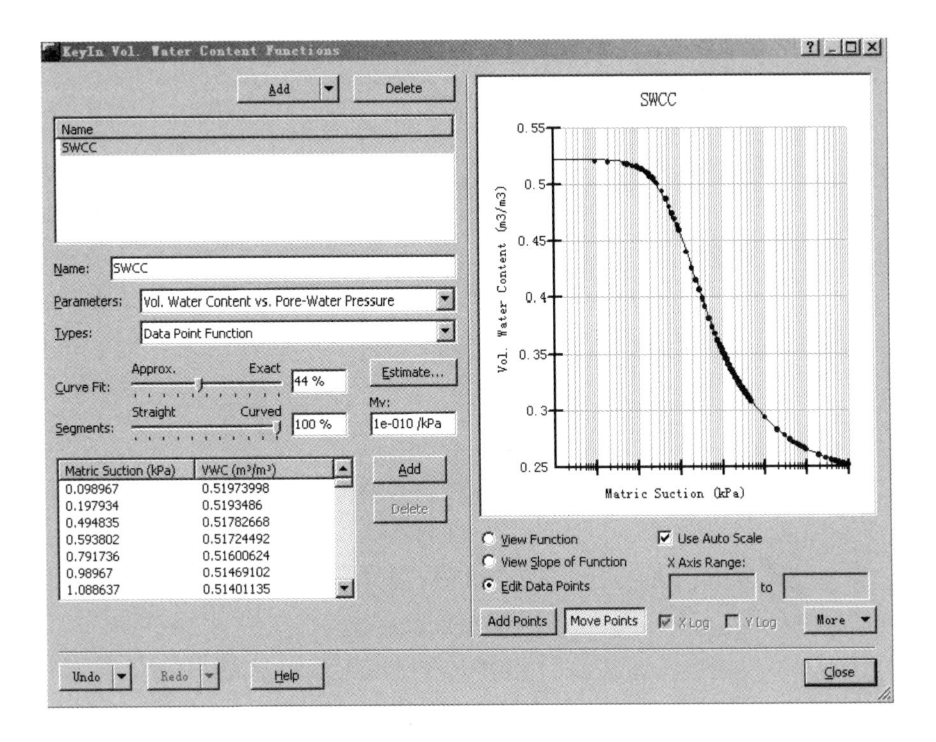

图 3.7 基质吸力（SWCC）导入 Geo-SEEP/W 结果图

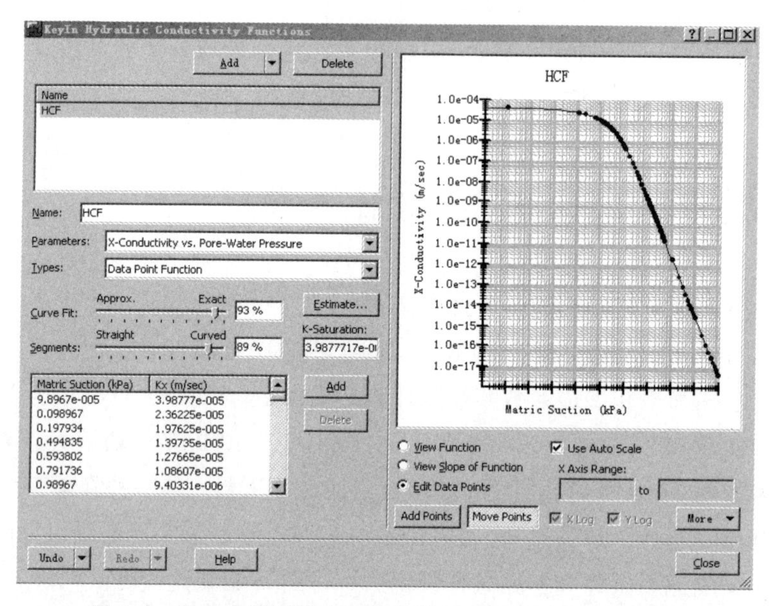

图 3.8　导水系数函数（HCF）导入 Geo-SEEP/W 结果图

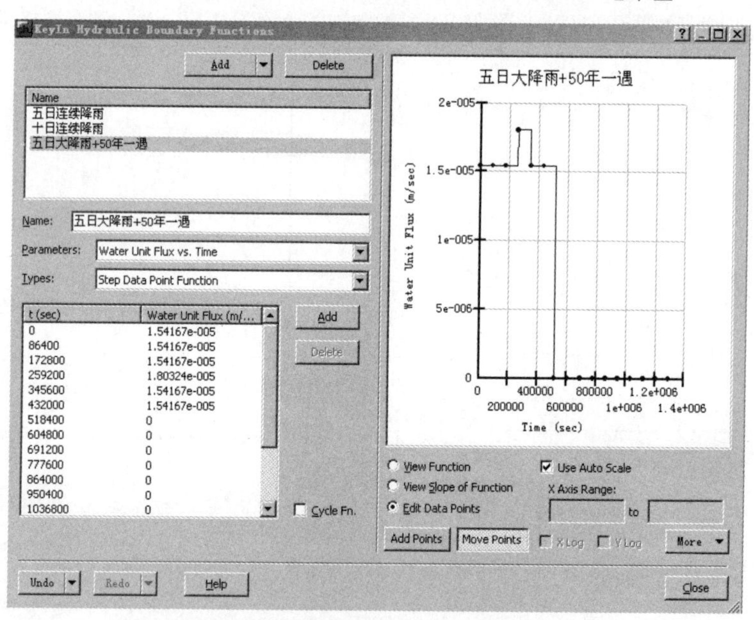

图 3.9　降雨工况（HBF）输入 Geo-Seep/W 结果图

得到渗流场结果后，计算降雨条件下的边坡稳定性时，需要的主要为土力学参数，按照第 2 章的试验结果，选取主要参数如表 3.3 所示。

表 3.3　数值模型相关的参数选取

成分	干重度/（kN/m³）	饱和重度/（kN/m³）	黏聚力/kPa	摩擦角/（°）	饱和渗透系数/（cm/s）
干赤泥	10.06	17.10	35.44	31.95	4.2×10^{-5}

注：实际计算时，模型底部设置了一道砂垫层（见后续结果图），用于渗流分析阶段的边界条件，不参与后续稳定性计算。

通过收集本书研究的尾矿库所在地的国家气象站[126]多年的降雨资料、勘察报告和有关文献，得到了该地区多年降雨特征，如表 3.4 所示。

表 3.4　贵阳参考气候资料（1961—2010 年）

气候指标	1月	2月	3月	4月	5月	6月	7月	8月	9月	10月	11月	12月
平均最高气温/°C	8.9	9.8	15.1	21.2	25.8	29.1	32.5	32.6	28.4	22.5	16.8	11.4
平均气温/°C	4.8	6.1	10.6	16.4	21.1	24.5	27.4	27.0	23.1	17.6	12.2	7.0
平均最低气温/°C	1.9	3.4	7.4	12.8	17.5	21.0	23.4	23.0	19.2	14.1	9.0	3.8
降雨量/mm	39.0	47.1	72.2	164.4	207.9	196.0	118.7	122.5	66.3	104.2	68.0	33.8
降雨日数/d	7.9	7.9	10.4	13.4	13.0	11.0	8.3	7.4	6.3	9.2	7.8	5.7
日平均日照/h	1.9	1.7	2.2	3.2	4.1	5.1	8.0	7.7	5.8	3.9	3.2	2.5

场地所在的白云区气象站最新统计资料显示，从 1999 年至 2009 年来，区内最大年平均降雨量为 1 258.6 mm，单日最大降雨量为 133.20 mm，最大连续降雨量为 479.70 mm，50 年一遇最大降雨量为 155.8 mm。因此，计算选取的降雨工况设计为三种，分别是 5 d 最大暴雨（即取用贵阳最大单日降雨量 133.20 mm，且连降 5 d）、连续 10 d 降雨达到总量（即每日 47.94 mm，连续降雨 10 日达到贵阳最大连续降雨量）、5 d 暴雨夹五十年一遇最大暴雨（即第三天为贵阳 50 年一遇暴雨 155.8 mm），如图 3.10 所示。以上工况充分考虑了贵阳的实际降雨情况，且有一定的放大，可视为考虑最不利降雨情况的工况设计。

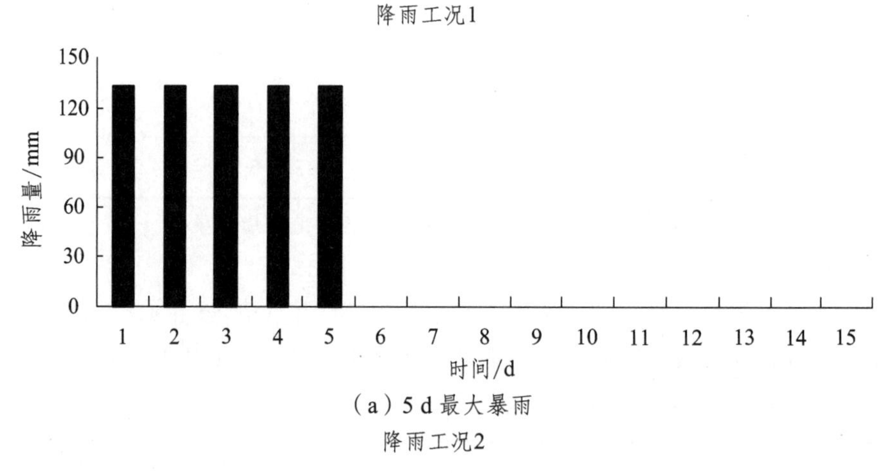

（a）5 d 最大暴雨

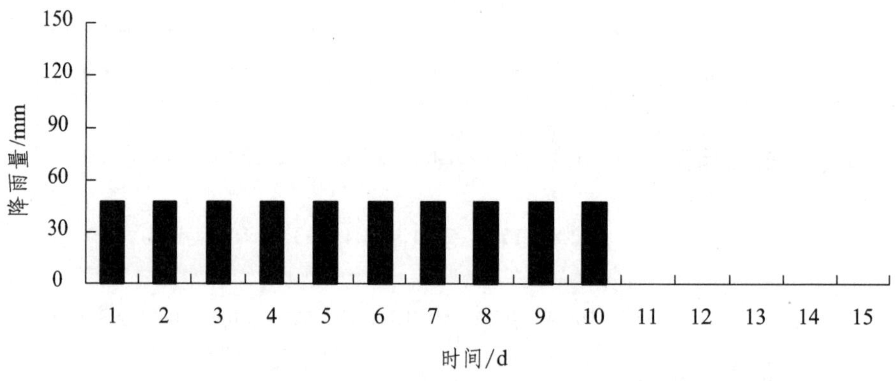

（b）连续 10 d 降雨达到总量

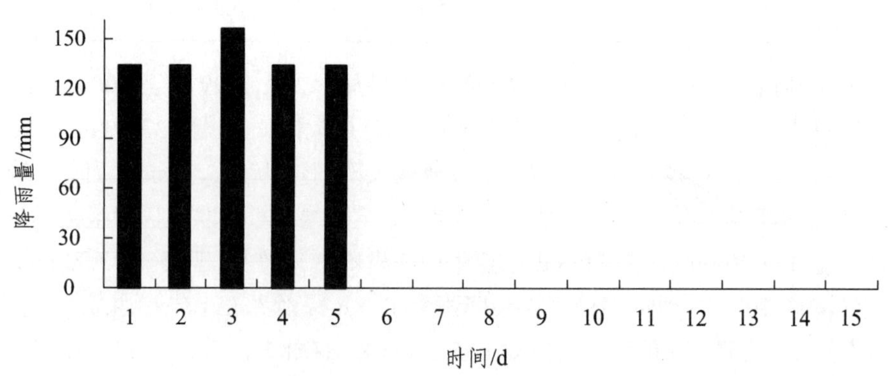

（c）5 d 暴雨夹 50 年一遇最大暴雨

图 3.10　本书选用的三种降雨工况

3.4　干法赤泥堆存状态分析

3.4.1　非饱和干法赤泥堆体稳态渗流分析

为了得到堆体对降雨的渗流响应，有必要对稳态入渗进行计算以求解可能的影响区域。将第前述的有限元模型在 Geo-Seep/w 模块中进行稳态入渗求解，降雨边界设置为 5×10^{-5} mm/s，计算结果如图 3.11 所示。

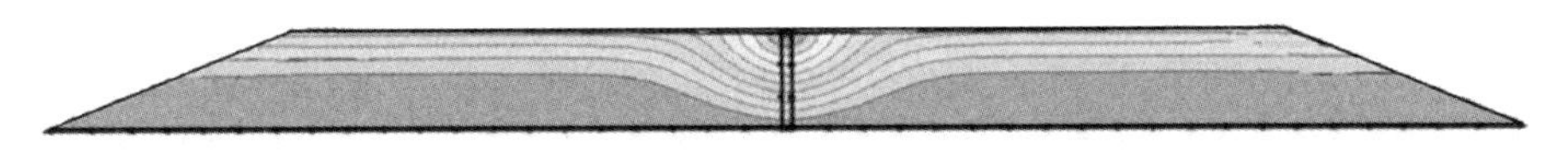

图 3.11　稳态渗流状况下水头等值线图

得到结论为距离中央集水井 30 m 范围内会受到集水井的影响,30 m 以外区域基本不受影响，以垂直入渗为主，原因是干法赤泥的渗透性不高。

3.4.2　非饱和干法赤泥堆体瞬态渗流分析

影响降雨斜坡入渗的主要因素包括坡度、降雨强度、降雨持时、土特性以及裂隙发育情况等，对于本书中的均质堆载干法赤泥，则主要为前三种。故建立五种坡角（30°、37.5°、45°、52.5°、60°）的模型，考虑三种降雨工况，依次计算 15 日内的渗流场变化，得到特征阶段的孔压云图如图 3.12 ~ 3.14 所示（仅列出降雨工况 3 在 30°、45°、60°对应云图）。

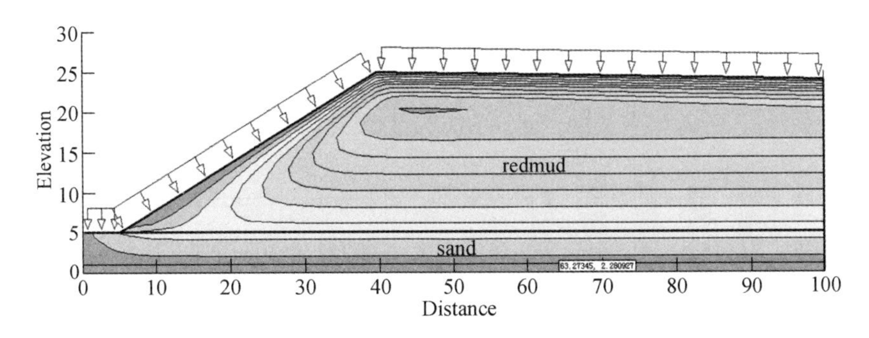

（a）30°下短期入渗暂态孔压分布云图（1 d）

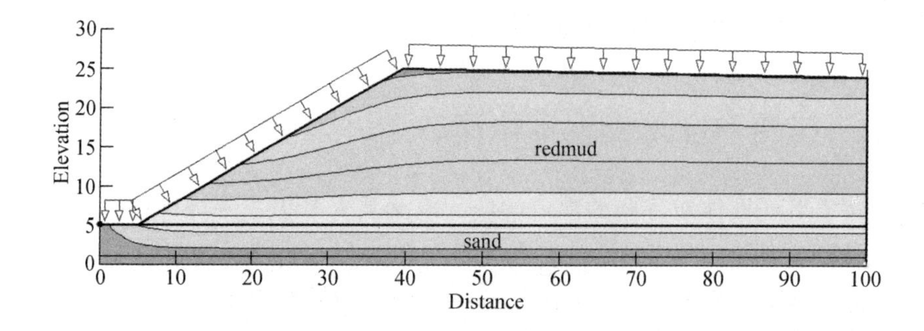

（b）30°下末期入渗暂态孔压分布云图（15 d）

图 3.12　30°初期入渗孔压分布

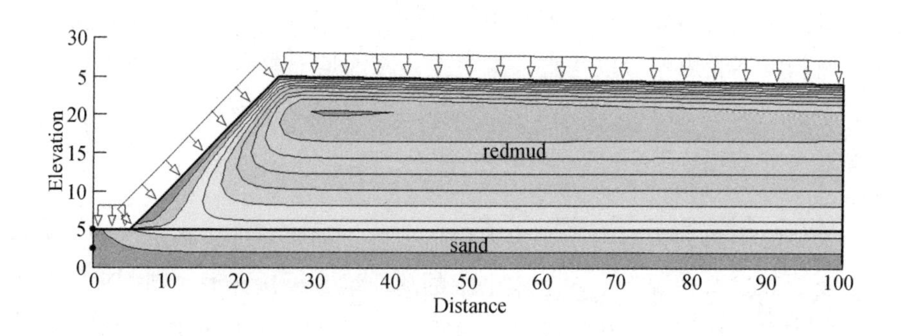

（a）45°下短期入渗暂态孔压分布云图（1 d）

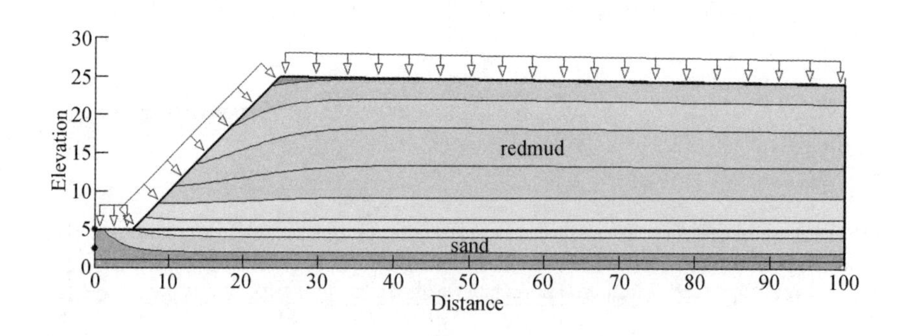

（b）45°下末期入渗暂态孔压分布云图（15 d）

图 3.13　45°初期入渗孔压分布

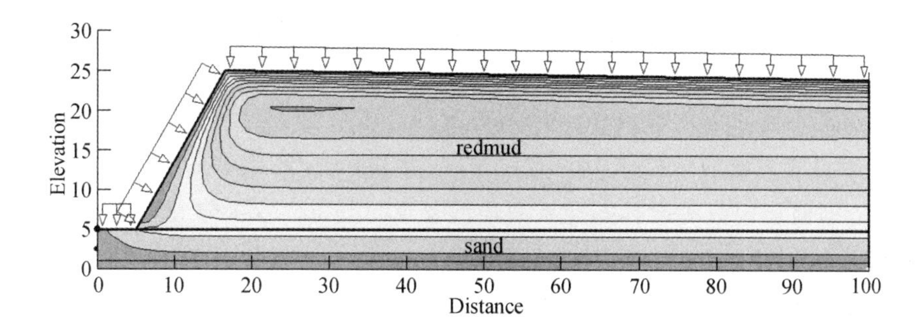

（a）60°下短期入渗暂态孔压分布云图（1 d）

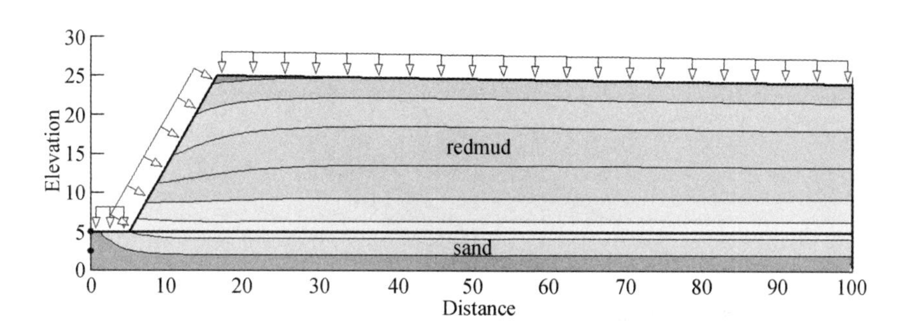

（b）60°下末期入渗暂态孔压分布云图（15 d）

图 3.14 60°初期入渗孔压分布

通过分析 15 d 内的堆场孔隙水压力动态变化，可以得出以下结论：

（1）三种降雨工况的初期入渗差异很小，主要原因为土体入渗能力受饱和渗透系数直接控制，当降雨强度超过最大入渗速度后，继续加大降雨强度将不再起作用；

（2）三种降雨工况在 15 d 时的终期渗流场没有明显差别。堆体在雨后 5 ~ 10 d 内能基本恢复到降雨过程前的初期形态。

（3）斜坡表面土体入渗特征将极大影响总入渗量，干法赤泥的水土特征曲线在求解饱和-非饱和渗流场时直接决定了最大入渗深度和最大负孔隙水压力。

3.4.3 非饱和干法赤泥堆体边坡稳定性动态分析

根据不同时刻的渗流场，计算对应的边坡稳定安全系数，分析降雨对干法赤泥堆边坡的短期作用和滞后作用，绘制安全系数和时间的曲线变化图。依据前述规范的设计安全系数最低要求，在 30° ~ 60°分五级调整坡角，按照最小稳定性控制的原则，求出堆存坡角与安全系数曲线，通过插值求解得到最优角度，计算结果如图 3.15 ~ 图 3.17 所示（37.5°和 52.5°结果未列出）。

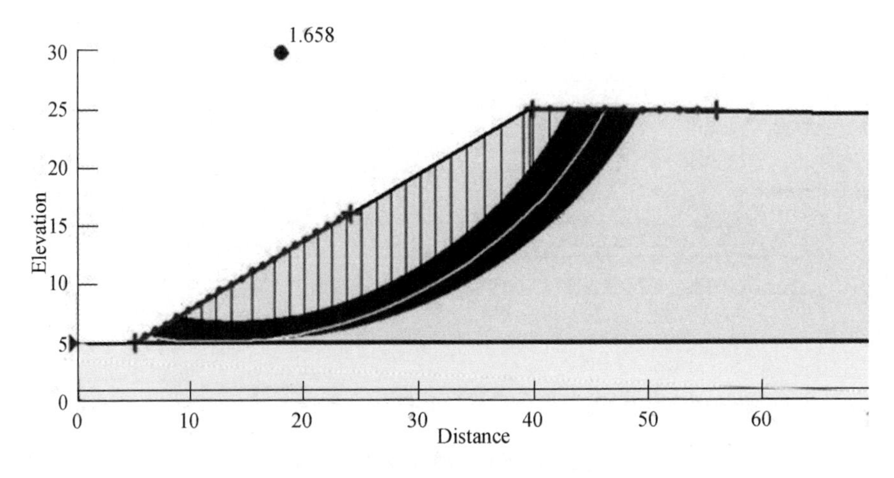

（a）工况 1 最危险滑面计算图

降雨 I 安全系数变化曲线

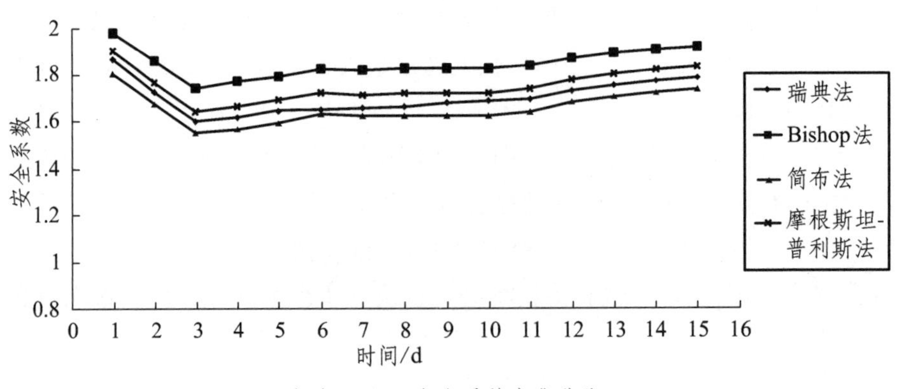

（b）工况 1 安全系数变化曲线

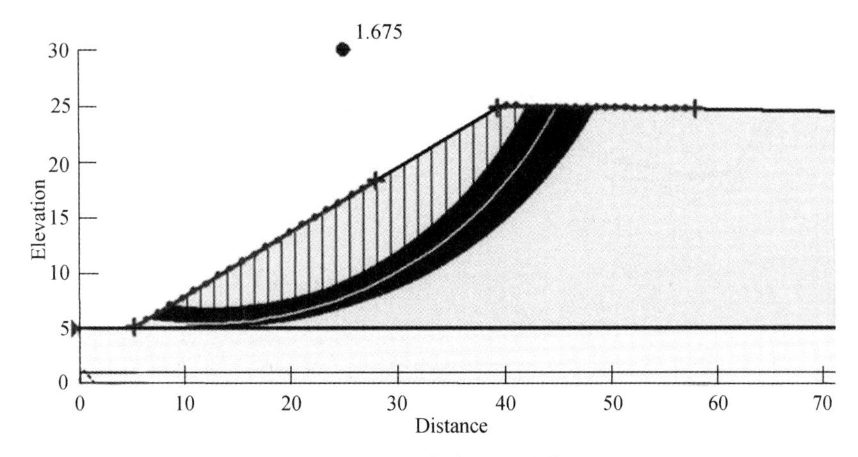

（c）工况 2 最危险滑面计算图

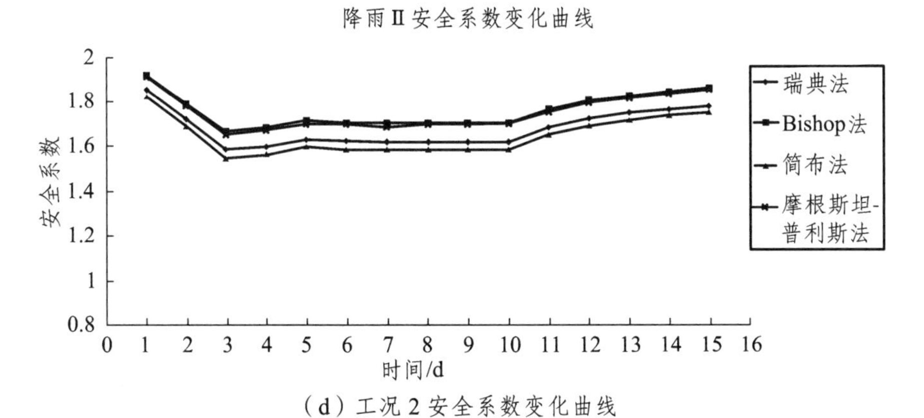

（d）工况 2 安全系数变化曲线

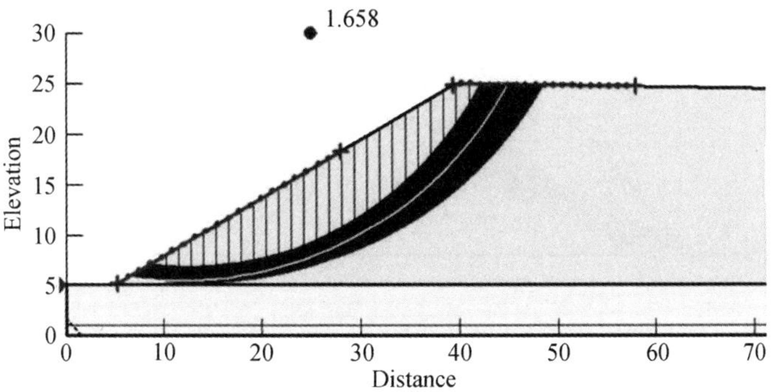

（e）工况 3 最危险滑面计算图

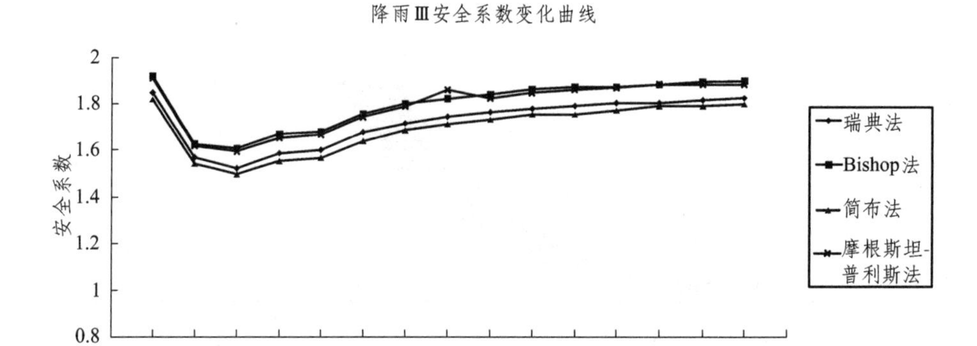

（f）工况 3 安全系数变化曲线

图 3.15　30°坡角时各工况计算结果汇总

结果显示，当堆存坡角为 30°时，各降雨工况下最低安全系数均大于 1.4。在分析安全系数变化曲线时可发现，从普通干燥-天然状态到接受降雨，赤泥堆体边坡前期安全系数会迅速降低，主要原因为赤泥表层干燥，降雨入渗量大，短期内表层基本达到饱和状态，坡体自重迅速增加，下滑力加大。在第三日左右，坡体基本达到了稳定渗流状态，加之底部的砂垫层的疏干作用，安全性逐渐回升，到下雨停止后，稳定恢复到初始状态。

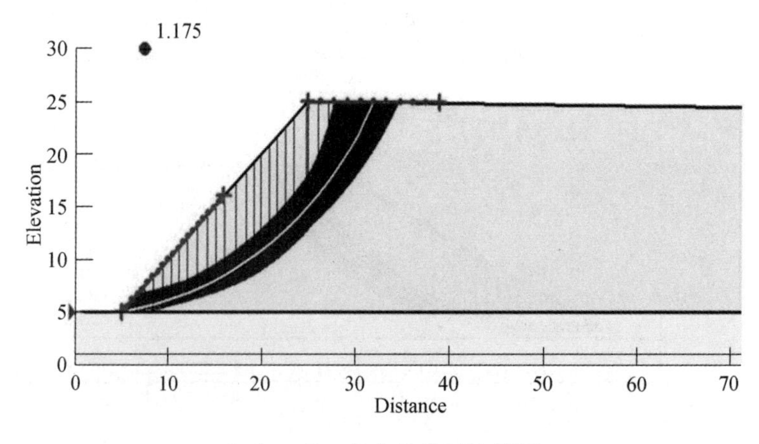

（a）工况 1 最危险滑面计算图

降雨 I 安全系数变化曲线

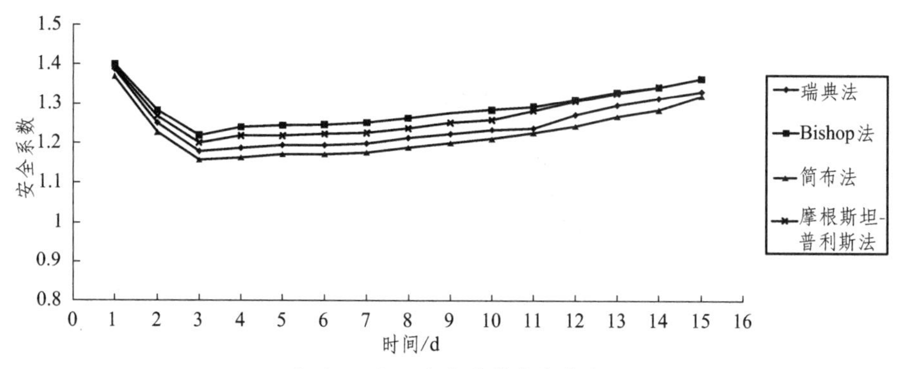

（b）工况 1 安全系数变化曲线

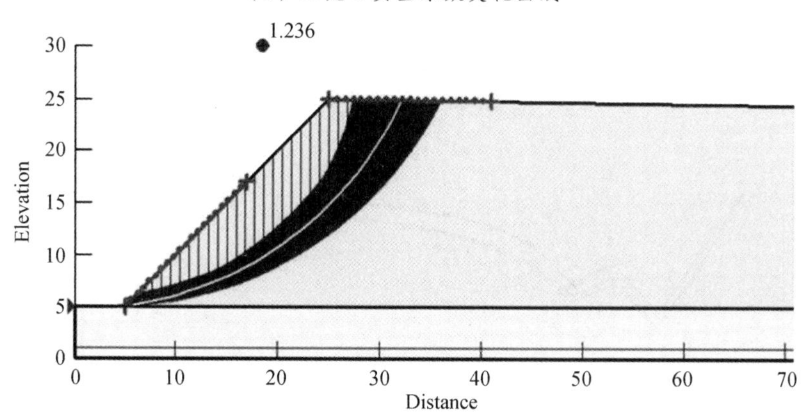

（c）工况 2 最危险滑面计算图

降雨Ⅱ安全系数变化曲线

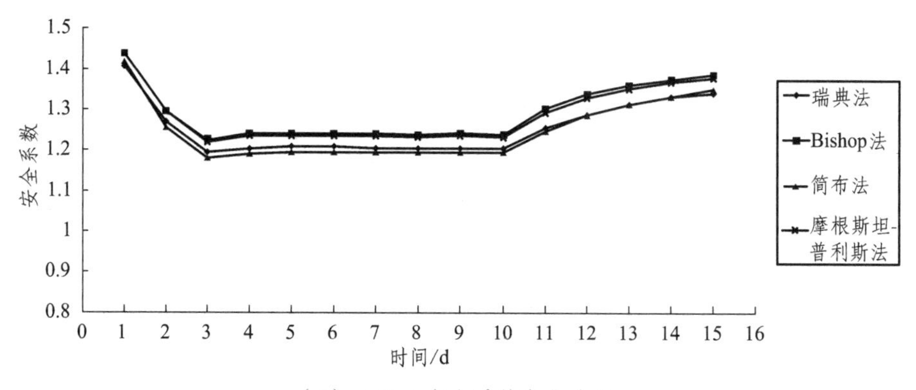

（d）工况 2 安全系数变化曲线

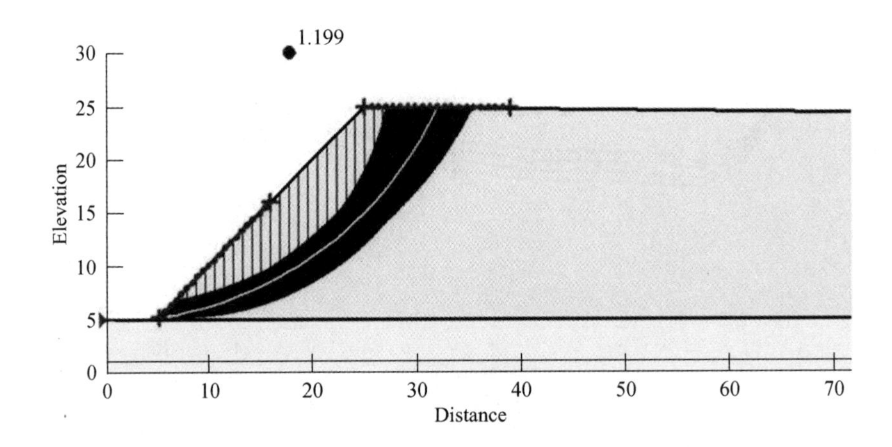

（e）工况 3 最危险滑面计算图

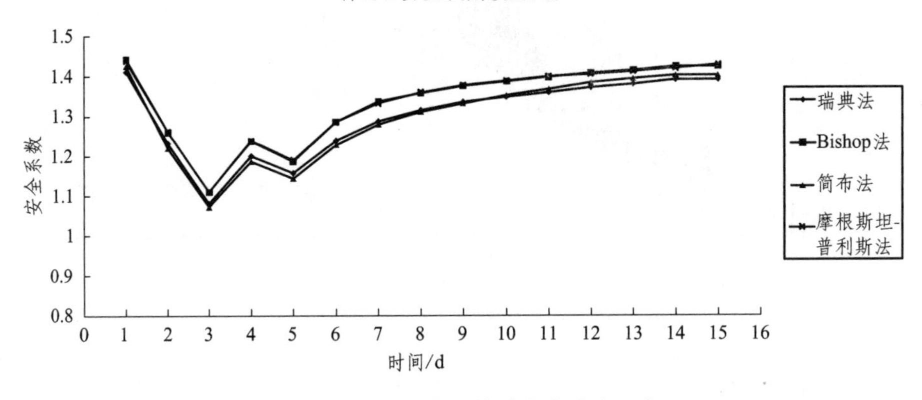

（f）工况 3 安全系数变化曲线

图 3.16　45°坡角时各工况计算结果汇总

结果显示，当堆存坡角为 45°时，各降雨工况下最低安全系数均大于 1.0，在分析安全系数变化曲线时可以判断赤泥堆体边坡在某些时刻已接近极限状态，可见坡角对边坡稳定性影响较大。在第五日降雨结束（工况 2 为第十日），安全性开始回升，逐步恢复到初始状态。

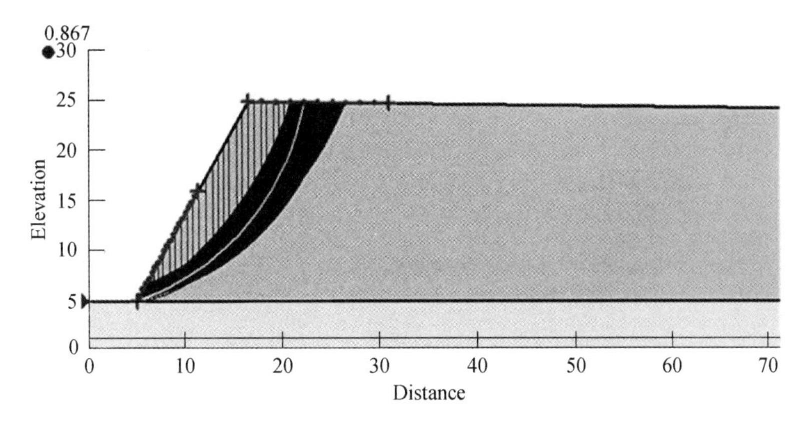

（a）工况 1 最危险滑面计算图

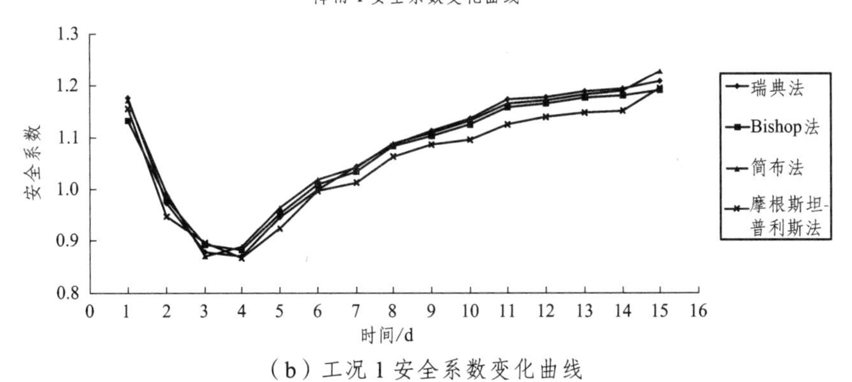

（b）工况 1 安全系数变化曲线

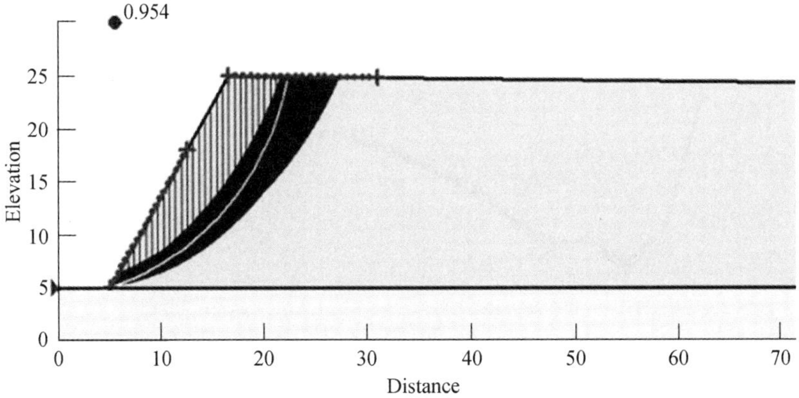

（c）工况 2 最危险滑面计算图

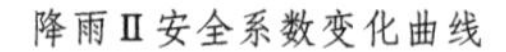

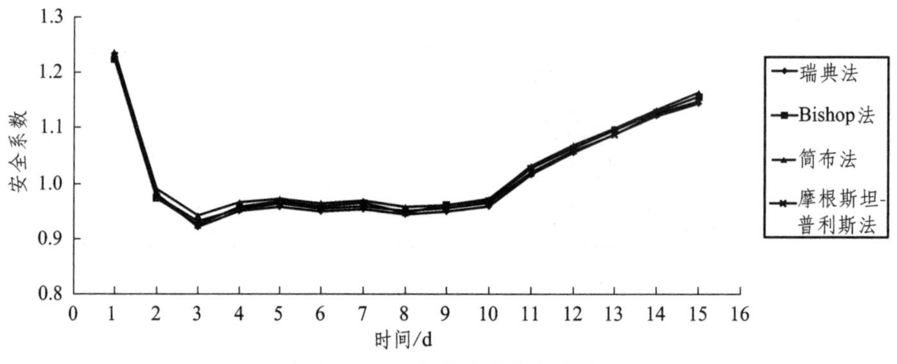

（d）工况2安全系数变化曲线

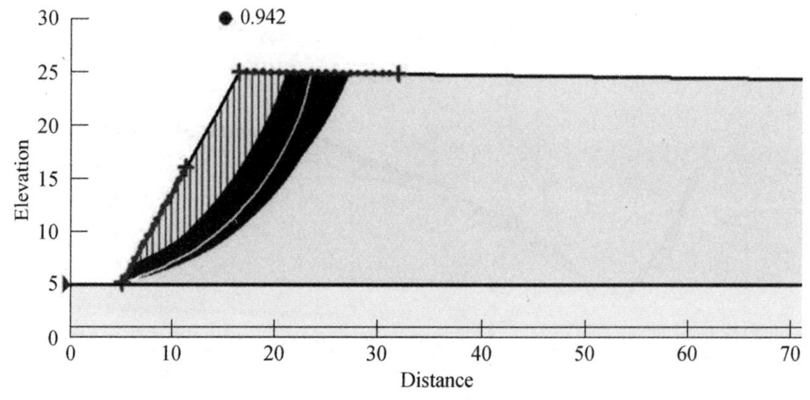

（e）工况3最危险滑面计算图

降雨Ⅲ安全系数变化曲线

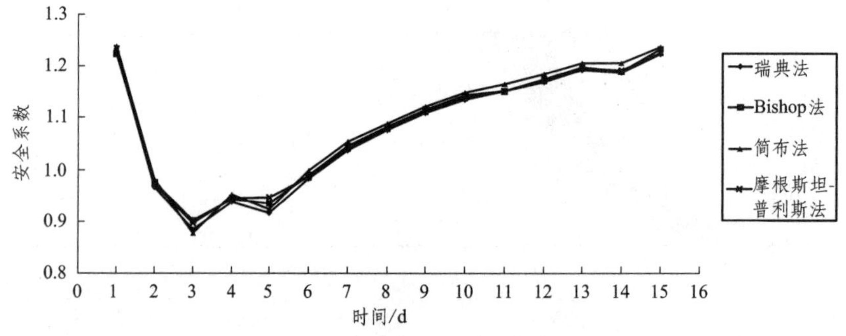

（f）工况3安全系数变化曲线

图3.17　60°坡角时各工况计算结果汇总

结果显示，当堆存坡角为 60°时，各降雨工况下最低安全系数均小于 1.0，表征边坡已经不安全，可能滑动破坏，后期分析已不具有实际意义。

3.4.4 堆体坡角与安全系数关系分析

在统计了五种坡角、三种降雨工况下的最低安全系数后，在线性坐标系下分析可得到，在一定角度范围内（30°～60°），最小安全系数呈现较明显的线性关系，并且可以发现，连续 5 d 暴雨夹 50 年一遇特大暴雨（即降雨工况 3）对干法赤泥边坡最不利，整体安全系数最低。依照图 3.18 和表 3.6 可以直接得到期望安全系数下的最优堆存坡角。

表 3.5 不同坡角下三种降雨工况的最小安全系数

坡角/（°）	降雨工况 1	降雨工况 2	降雨工况 3
30	1.496	1.554	1.496
37.5	1.330	1.380	1.290
45	1.157	1.183	1.076
52.5	1.000	1.050	0.950
60	0.875	0.941	0.880

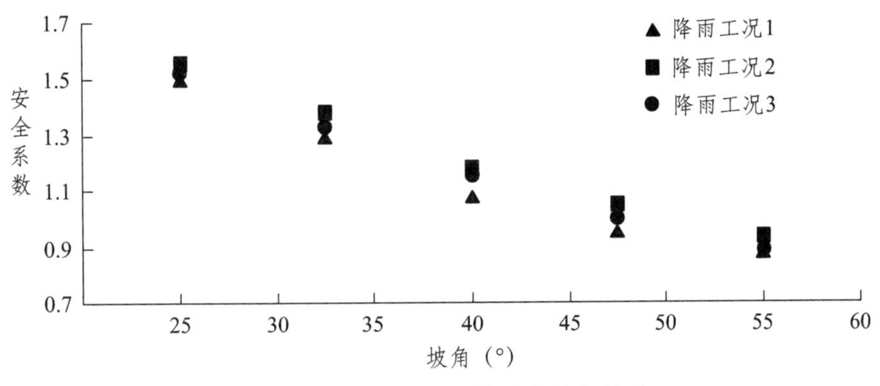

图 3.18 最小安全系数与堆存坡角关系

拟合统计各数据点，得到下述关系式后，即可求解该值域内对应设计安全系数下的最优堆存坡角。降雨工况 1、2、3 的拟合关系式见表 3.6，α 为坡角，F_n 为安全系数。

表 3.6　三类降雨工况的拟合关系式

降雨工况 1	$F_1 = -0.020\,4\,\alpha + 2.145\,5$
降雨工况 2	$F_2 = -0.020\,7\,\alpha + 2.107\,5$
降雨工况 3	$F_3 = -0.020\,5\,\alpha + 2.074\,7$

例如，当最低设计安全系数取 1.35 时，最优堆存坡角在降雨工况 3 下的函数式为

$$1.35=-0.020\,5\,\alpha+2.074\,7$$

算得坡角 x=35.35°，设计坡比约为 1∶1.4。

通过本节的计算和分析，可得到如下结论：

（1）降雨诱发干法赤泥堆体边坡失稳，主要作用形式为入渗作用改变坡体赤泥的含水量，基质吸力减小，降低了非饱和赤泥的抗剪强度，弱化了潜在滑动面的抗滑力，增加了坡体自重，导致边坡整体稳定性降低。

（2）当地最不利降雨工况为 3 类，即多日暴雨夹大暴雨。

3.5　本章小结

本章通过运用饱和-非饱和渗流理论和饱和-非饱和强度理论，结合贵州地区的气象特征，设计了三种特征降雨工况，采用干法赤泥的土水特性试验结果，利用 Geostudio 软件建立数值计算模型，在三种降雨工况下分别进行了干法赤泥堆体瞬态渗流场计算，得到孔隙水压力随时间变化情况，然后导入 Slope/W 模块，进行了降雨工况下的稳定性计算，得到安全系数随时间变化关系，并通过分析结果，得到如下结论：

渗流方面：

（1）三种降雨工况的初期入渗差异很小，主要原因为赤泥入渗能力受饱和渗透系数直接控制，当降雨强度超过最大入渗速度后，继续加大降雨强度将不再起作用。

（2）三种降雨工况在 15 d 时的终期渗流场没有明显差别。堆体在雨后 5～10 d 内能基本恢复到降雨过程前的初期形态。

（3）斜坡表面赤泥入渗特征将极大影响总入渗量，干法赤泥的水土特

征曲线在求解饱和-非饱和渗流场时直接决定了最大入渗深度和最大负孔隙水压力。

稳定性方面：

（1）降雨诱发干法赤泥堆边坡失稳，主要作用形式为入渗作用改变坡体赤泥的含水量，基质吸力减小，降低了非饱和赤泥的抗剪强度，弱化了潜在滑动面的抗滑力，增加了坡体自重，导致边坡整体稳定性降低。

（2）当地最不利降雨工况为3类，即多日暴雨夹大暴雨。

4 尾矿库内软赤泥排水规律分析

由于过去几十年来铝厂一直使用传统的湿法工艺生产赤泥，本书研究的赤泥尾矿库中存有大量拜耳法软赤泥，深度可达 20 m 左右，且库池中的赤泥几乎都被水浸润，呈饱和状态，造成其含水率高和强度偏低。如果在原有软赤泥基础上用干法赤泥继续堆高会面临两方面的问题，一是原有尾矿库坝体强度不足，容易发生溃坝破坏；二是在继续堆高的过程中，软赤泥中的孔隙水压容易大幅超过其静水水头，在库池的原设计防渗级别不高时容易发生渗漏，特别是建设在岩溶地区的库池面临的问题更加严峻。由于赤泥的矿物和化学成分非常复杂，赤泥及赤泥附液具有强碱性和强腐蚀性，一旦发生尾矿库溃坝和渗漏，会造成大范围的环境污染，后果非常严重。本章研究在上部干法赤泥持续堆载的情况下，下部软弱赤泥采用砂井排水后其孔隙水压分布和变动的规律，这对于计算库池内的孔隙水压以达到控制渗漏的目标有重要意义，并且能为后续章节研究尾矿库稳定问题提供理论支撑。

在软土地基的三向固结理论研究中，R. A. Barron 给出了二类边界条件下三维抛物线方程混合问题的解，但是经过验证，此解并不准确，本章采用 Laplace 变换等数学计算手段，求出三向固结理论超静水压力的解析解，指明此解的适用性。

4.1 软赤泥排水体系构成及简化物理模型

4.1.1 砂井排水系统构成

砂井是利用打桩工具将钢管（图 4.1）打入地基之内或是采用其他方法获得的具有一定的分布排列规律的，具有一定的深度和口径的孔洞，在其中又填入了中粗砂，故其具有良好的导水和排水功能。砂垫层则是用中粗砂或其他高透水率材料组成的水平方向的大面积的排水层。竖直的砂井和水平的砂垫层就构成了一套完整的地基排水系统，随着地基上荷载的增加，地基中的水会由排水系统导出排走，最终地基土的含水率下降，强度和刚度增加，而其孔隙水压也在这个过程中不断变化。砂井平面布置如图 4.2 所示。

图 4.1 砂井钢管

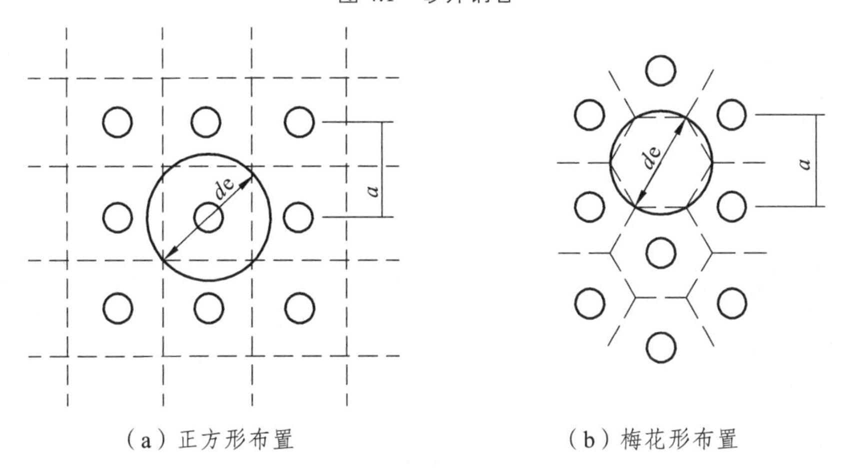

（a）正方形布置　　（b）梅花形布置

图 4.2 砂井平面布置

砂垫层通常是在地基土顶面满布，工程上称为单面排水，若软弱土层较厚，也可在土层的顶面和底面都布设砂垫层，称为双面排水。为了阻止土粒进入砂垫层造成砂垫层堵塞，降低透水能力，砂垫层与土之间通常需要铺设土工织物以达到透水阻土的作用，如图 4.3 所示。另外，为了保证砂垫层有足够的通水透水能力，砂垫层须有具备足够的厚度。

图 4.3　砂垫层与土工织物

砂井排水系统除了需要具备良好的透水排水性能之外，还需要有足够的强度和刚度，能够保持一定的形状和连续性，否则有被挤压破坏或者拉伸断裂的可能。随着技术的进步，工程中逐渐发展出了袋装砂井和水冲法砂井，在 70 年代随着高技术材料的诞生和普及，工程中广泛使用了塑料排水带技术取代传统砂井工艺。塑料排水带（图 4.4）由高透水性的塑料芯板外套滤膜构成，其价格低廉、施工简便，极大地促进了排水固结法的发展。近年来有学者将塑料排水带技术与电渗法结合起来，在地基土排水固结的工程应用中也取得一定的成果。在实际应用中，可将塑料排水带折算成等效的传统砂井进行计算。

（a）土工织物外套

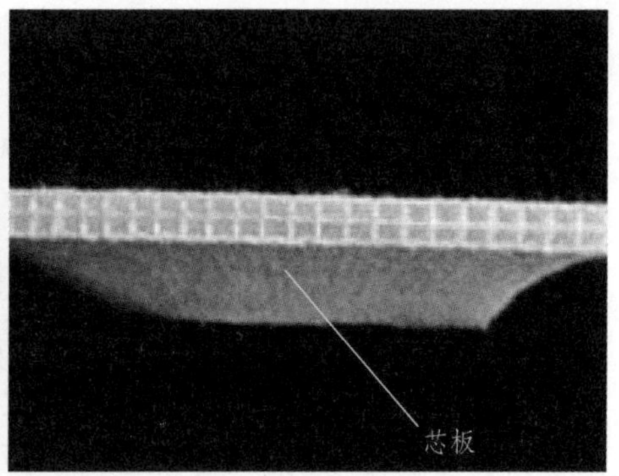

（b）芯板

图 4.4　塑料排水带

4.1.2 库内软赤泥排水机理及简化模型

在含水量大、孔隙比大、压缩性高、比较深厚的软土中打入砂井作为排水通道以增加土层的排水途径，可缩短排水的距离，加速排水过程，因为地基中大部分的点到砂井的距离远远小于其到上部或下部砂垫层的距离。工程经验和计算也表明，同样的软土中打入砂井和不设砂井，其排水固结速度有非常巨大和明显的差别。

如果在软土上施加额外的荷载，产生的附加应力将使土颗粒间的孔隙水通过砂井和砂垫层加速排出，使孔隙比和含水率迅速减小，强度迅速提高，相比仅依靠地基土自重固结大大加速了地基的固结进程。但连续地、快速地增加荷载可能会导致地基中产生过高的孔隙水压，在赤泥尾矿库这类特殊工程中，容易使库池发生渗漏危害，故对于赤泥尾矿库的超设计容量续堆需要依据库池的防渗能力来控制新堆荷载的加荷速率。

由于本书研究的赤泥尾矿库面积较大，形状复杂，对于理论计算难度较大，故研究时需对其进行合理的简化并形成相应的计算模型。因砂井是均匀布设的，且每个砂井的排水作用相同，即每个砂井影响的范围也相同，整个库池是由单个砂井的影响区叠加而成，所以只需研究单个砂井在其覆盖范围内的排水固结情况就可以通过叠加得到整个库池内软弱赤泥的排水固结情况。按照相关排水固结工程的实际经验，当砂井间距小于 1.0 m 时，会因为施工扰动形成涂抹区，排水情况会发生一些变化，当砂井间距较大时则影响可以忽略。依据相关铝业企业赤泥尾矿库的设计经验，其砂井间距和建筑、公路基础工程相比偏大，因而理论上可以对涂抹效应不予考虑。同时考虑到堆场的加载速率较小，排水固结的排水时间长、出水缓慢，因此砂井自身材料引起的渗流阻力影响较小。

对于赤泥尾矿库中的软弱拜耳法赤泥，承受的荷载除自重外，还有上部砂垫层荷重和干法赤泥的堆载，由于氧化铝生产是连续进行的，故上部干法赤泥的排放和堆载也是连续进行的。

如图 4.5 所示，对于每个砂井，其影响范围将是一个等效圆柱体。关于等效直径 d_e 的计算，目前广为接受的公式为 $d_e=\alpha_1 l$，其中 l 为砂井间距。对于正方形均布 α_1 取 1.13，三角形均布 α_1 取 1.05。在砂井的影响圆柱体内，各点的水将沿平面的径向向砂井排渗，然后垂直向上流动[125]。

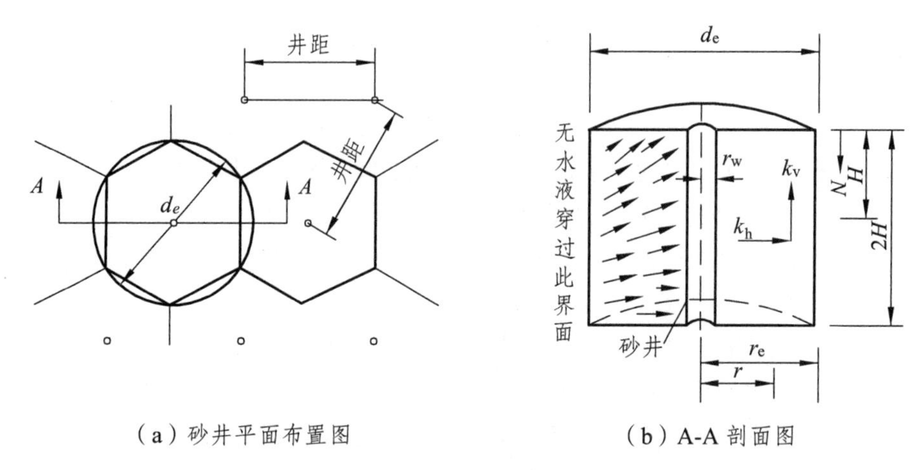

（a）砂井平面布置图　　（b）A-A 剖面图

图 4.5　单砂井计算模型

4.2　软赤泥孔隙水压函数推导

砂井排水法早在 20 世纪 30 年代就得到应用，由于缺乏理论基础，当初的设计施工都是依据工程经验计算。饱和土体的一维固结理论是 Terzaghi 于 1925 年首先提出的[126,127]，该理论建立在一定简化假设的基础上，主要包括土体为线弹性材料，土颗粒和水均不能压缩以及土中水的渗流完全符合达西定律。传统的经典固结理论形式简单，在实际中有较好的适用性。但源于其假定的限制，对软赤泥、新近沉积的粘土或人工堆填粘土等超软土，这类土体在固结过程中会发生较大的变形沉降，采用经典固结理论计算的结果与实际情况误差很大，因此，有必要引入大变形固结分析。这方面的开创性工作包括 McNabb A 和 Gibson R. E. 等[128,129]。对于砂井排水固结这种特定的工程模型，最著名的就是 1942 年 Barron 推导的单井轴对称径向排水固结方程[130]，提出了等应变和自由应变两种条件下的解析解，该理论从饱和土体的排水固结机理出发，考虑了渗流-变形的相互作用，可以称得上是真正的三维固结方程。

仿照 Barron 理论，为考虑变荷载作用下的孔隙水压力的变化，我们做如下基本假设：

（1）赤泥土体骨架为各向同性材料，不计赤泥土体变形的时效性，不考虑蠕变。

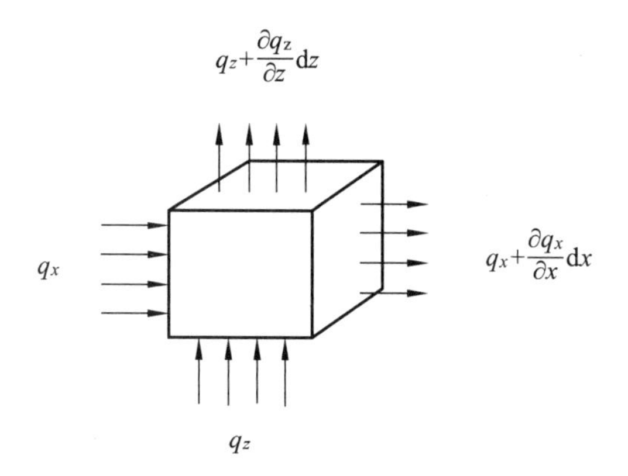

图 4.6 渗流计算单元体示意图

（2）赤泥颗粒和孔隙水均不可压缩。

（3）竖向和水平径向两个方向的渗流均服从达西定律，两向的渗透系数相同。

（4）赤泥颗粒仅在竖向移动，外加荷载为时间的一阶函数。

取计算区域中的一个单元体如上图，x 方向尺寸为 dx，z 方向寸为 dz，则在排水固结过程中赤泥土体体积的改变量即为孔隙水排出的量。

$$\Delta V=\Delta Q \tag{4.1}$$

考虑水平和竖直两个方向的渗流平衡：

$$\frac{\partial V}{\partial t}\mathrm{d}t=\frac{\partial q_z}{\partial z}\mathrm{d}x\mathrm{d}z\cdot\mathrm{d}t+\frac{\partial q_x}{\partial x}\mathrm{d}x\mathrm{d}z\cdot\mathrm{d}t \tag{4.2}$$

又：

$$\Delta V=e\left(\frac{1}{1+e_0}\mathrm{d}x\mathrm{d}z\right) \tag{4.3}$$

式中，e 为时刻 t 的孔隙比；e_0 为 t=0 时刻的孔隙比。代入（4.2）式有：

$$e\left(\frac{1}{1+e_0}\mathrm{d}x\mathrm{d}z\right)\cdot\mathrm{d}t=\frac{\partial q_z}{\partial z}\mathrm{d}x\mathrm{d}z\cdot\mathrm{d}t+\frac{\partial q_x}{\partial x}\mathrm{d}x\mathrm{d}z\cdot\mathrm{d}t \tag{4.4}$$

又由压缩试验曲线有：

$$\frac{\partial e}{\partial t}=a\frac{\partial u}{\partial t} \tag{4.5}$$

式中，a 为压缩系数。将（4.5）代入（4.4）有：

$$\left(\frac{a}{1+e_0k}\right)\cdot\frac{\partial u}{\partial t}\mathrm{d}x\mathrm{d}z\cdot\mathrm{d}t=\frac{\partial q_z}{\partial z}\mathrm{d}x\mathrm{d}z\cdot\mathrm{d}t+\frac{\partial q_x}{\partial x}\mathrm{d}x\mathrm{d}z\cdot\mathrm{d}t \tag{4.6}$$

又：

$$\frac{\partial^2 u}{\partial t^2}=\frac{\partial q_x}{\partial x}+\frac{\partial q_y}{\partial y}+\frac{\partial q_z}{\partial z} \tag{4.7}$$

代入（4.6），得：

$$C_{\mathrm{v}}=\frac{\partial u}{\partial t}=\frac{\partial^2 u}{\partial x^2}+\frac{\partial^2 u}{\partial y^2}+\frac{\partial^2 u}{\partial z^2} \tag{4.8}$$

将式（4.8）换到符合砂井特殊边界的柱坐标系时，表达式为：

$$C_{\mathrm{v}}=\frac{\partial u}{\partial t}=\frac{\partial^2 u}{\partial z^2}+\frac{1}{r}\frac{\partial u}{\partial r}+\frac{\partial^2 u}{\partial r^2} \tag{4.9}$$

根据单井固结排水模型，上边界为砂垫层，左边界为不透水边界，右边界为砂井，半径为 r_{w}，影响半径为 r_{e}，则添加边界条件后的固结问题提炼为以下数学物理方程：

$$\left.\begin{array}{l}\dfrac{\partial u}{\partial t}=C_{\mathrm{v}}\left(\dfrac{\partial^2 u}{\partial r^2}+\dfrac{1}{r}\dfrac{\partial u}{\partial r}+\dfrac{\partial^2 u}{\partial z^2}\right)\\ u(z,r,t)\big|_{t=0}=p_0,\ r_{\mathrm{w}}\leqslant r\leqslant r_{\mathrm{e}},\ 0<z<H\\ u(z,r,t)\big|_{z=0}=0\\ u(z,r,t)\big|_{r=r_0}=0,\ u(z,r,t)\big|_{r=r_{\mathrm{e}}}=0\\ \lim\limits_{t\to\infty}u(z,r,t)=0\end{array}\right\} \tag{4.10}$$

式中，$u(z, r, t)$为超静水压力；r 为柱面极坐标的极径，为流动坐标；t 为固结时间，流动坐标；z 为竖向流动坐标，计算深度；p 为附加荷载，为 t 的时间函数，$p(t)=p_0+q\cdot t$，代表实际生产中的附加荷载，即上部干法赤泥堆载方式，该函数为线性函数，其中 p_0 为初始荷载，q 为上部干法赤泥堆载速率；C_v 为固结系数，由实验确定；H 为土层的排水距离，即土层厚度，为常数。

根据土力学理论，赤泥土体中水的三向流动为层流问题，可以转化为平面的径向（或辐射）流以及竖向层流问题两个部分，从数学方法上来讲，可以将总的三向流动问题转化为子问题 I 和子问题 II 两个部分来进行求解。

子问题Ⅰ，即平面的竖向层流问题：

$$\left.\begin{aligned}&\frac{\partial u_1}{\partial t}-\frac{\partial \Theta_1}{\partial t}=C_{vz}\frac{\partial^2 u_1}{\partial z^2}\\&u_1(z,t)\Big|_{t=0}=p_0\\&u_1(z,t)\Big|_{z=0}=0\\&\lim_{t\to\infty}u_1(z,t)=0\end{aligned}\right\}\tag{4.11}$$

子问题Ⅱ，即平面的径向（或辐射）流问题：

$$\left.\begin{aligned}&\frac{\partial u_2}{\partial t}-\frac{1}{2}\frac{\partial \Theta_2}{\partial t}=C_{vr}\left(\frac{1}{r}\frac{\partial u_2}{\partial r}+\frac{\partial^2 u_2}{\partial r^2}\right)\\&u_2(r,t)\Big|_{t=0}=p_0\\&u_2(r,t)\Big|_{r=r_w}=0\\&\frac{\partial u_2}{\partial r}\Big|_{r=r_e}=0\\&\lim_{t\to\infty}u_2(r,t)=0\end{aligned}\right\}\tag{4.12}$$

若假设子问题Ⅰ的解为 u_1（z，t），子问题Ⅱ的解为 u_2（z，t），则总问题的解 u（z，r，t）满足关系式：

$$\frac{u(z,r,t)}{u_0}=\frac{u_1(z,t)}{u_0}\cdot\frac{u_2(z,t)}{u_0}\tag{4.13}$$

即

$$u(z,r,t)=\frac{u_1u_2}{u_0}=\frac{u_1u_2}{p_0}\tag{4.14}$$

4.2.1 三维流动中径向流动子问题的理论求解

$$\left.\begin{array}{l}\dfrac{\partial u_2}{\partial t}-\dfrac{1}{2}\dfrac{\partial\Theta_2}{\partial t}=C_{vr}\left(\dfrac{1}{r}\dfrac{\partial u_2}{\partial r}+\dfrac{\partial^2 u_2}{\partial r^2}\right)\\ t=0,r_{\mathrm{w}}\leqslant r\leqslant r_{\mathrm{e}}\text{时，}\ u_2(r,0)=u_0=p_0\\ 0<t<\infty,\ r=r_{\mathrm{w}}\text{时},u_2(r_{\mathrm{w}},t)=0\\ 0<t,r=r_{\mathrm{e}}\text{时},\dfrac{\partial u_2}{\partial r}\Big|_{r=r_{\mathrm{e}}}=0\\ r_{\mathrm{w}}<r<r_{\mathrm{e}}\text{时},\lim\limits_{t\to\infty}u_2(r,t)=u_2(r)\end{array}\right\}\tag{4.15}$$

式中：

$$\Theta_2=\sigma_x+\sigma_y=\frac{2\upsilon p(t)}{1-\upsilon}\tag{4.16}$$

式中，υ为赤泥土体泊松比；r_{e}为砂井影响半径，取砂井间距的一半；r_{w}为砂井半径；C_{vr}为水平向固结系数。

式（4.16）中即为应力求解，将赤泥土体假设成线弹性进行求解。将式（4.16）带入（4.15）中，得到：

$$\frac{\partial u_2}{\partial t}-\frac{q\upsilon}{1-\upsilon}=C_{vr}\left(\frac{1}{r}\frac{\partial u_2}{\partial r}+\frac{\partial^2 u_2}{\partial r^2}\right)\tag{4.17}$$

将式（4.17）即为水平向的平衡方程，可写为

$$\frac{\partial u_2}{\partial t}-Q_1=C_{vr}\left(\frac{1}{r}\frac{\partial u_2}{\partial r}+\frac{\partial^2 u_2}{\partial r^2}\right)\tag{4.18}$$

式中，$Q_1=\dfrac{qv}{1-v}$，q 为工况加载速度，为常数，则 Q_1 同为常数。

对式（4.18）进行 Laplace 变换得到：

$$sU_2-\frac{Q}{s}=C_{vr}\left(\frac{1}{r}\frac{\partial U_2}{\partial r}+\frac{\partial^2 U_2}{\partial r^2}\right)\tag{4.19}$$

式中，$Q=Q_1+sp_0$。

将式（4.19）写为

$$\frac{1}{r}\frac{\partial U_2}{\partial r}+\frac{\partial^2 U_2}{\partial r^2}-\frac{sU_2}{C_{vr}}+\frac{Q}{C_{vr}}=0 \tag{4.20}$$

对式（4.20）进行求解，得到贝塞尔函数解

$$U_2(s,r)=\frac{Q}{s^2}+C_1 J_0\left(\frac{ir\sqrt{s}}{\sqrt{C_{vr}}}\right)+C_2 Y_0\left(\frac{ir\sqrt{s}}{\sqrt{C_{vr}}}\right) \tag{4.21}$$

将式（4.21）变换得到

$$U_2(s,r)=\frac{Q}{s^2}+C_1 J_0\left(\frac{r\sqrt{-s}}{\sqrt{C_{vr}}}\right)+C_2 Y_0\left(\frac{r\sqrt{-s}}{\sqrt{C_{vr}}}\right) \tag{4.22}$$

设$\tau-s$，则有

$$U_2(s,r)=\frac{Q}{s^2}+C_1 J_0\left(\frac{r\sqrt{\tau}}{\sqrt{C_{vr}}}\right)+C_2 Y_0\left(\frac{r\sqrt{\tau}}{\sqrt{C_{vr}}}\right) \tag{4.23}$$

式中，参数C_1和C_2由边界条件（4.12）确定。

$$C_1=\frac{QY_1(Ar_e)}{s^2[J_1(Ar_e)Y_0(Ar_w)-J_0(Ar_w)Y_1(Ar_e)]} \tag{4.24}$$

$$C_2=\frac{QJ_1(Ar_e)}{-s^2[J_1(Ar_e)Y_0(Ar_w)+J_0(Ar_w)Y_1(Ar_e)]} \tag{4.25}$$

式中，$A=\sqrt{\frac{\tau}{\mathrm{C}_{vr}}}$。

式（4.23）可写为：

$$U_2(\tau,r)=\frac{Q}{s^2}+\frac{QY_1(Ar_e)J_0(Ar)}{\tau^2[J_1(Ar_e)Y_0(Ar_w)-J_0(Ar_w)Y_1(Ar_e)]}+\frac{QJ_1(Ar_e)Y_0(Ar)}{-\tau^2[J_1(Ar_e)Y_0(Ar_w)+J_0(Ar_w)Y_1(Ar_e)]} \tag{4.26}$$

将式（4.26）简化为：

$$U_2(\tau,r)=\frac{QG(\tau)+QY_1(Ar_e)J_0(Ar)-QJ_1(Ar_e)Y_0(Ar)}{\tau G(\tau)} \tag{4.27}$$

式中，$G(\tau)=[J_1(Ar_e)Y_0(Ar_w)-J_0(Ar_w)Y_1(Ar_e)]$

对式（4.27）进行反 Laplace 变换：

$$u_2(t,r)=\frac{1}{2\pi i}\int_{-\sigma+i\infty}^{-\sigma-i\infty}U(\tau,r)e^{-\tau t}\mathrm{d}\tau \quad (t\geqslant 0) \tag{4.28}$$

式（4.28）也可写为：

$$u_2(t,r)=\sum \mathrm{Re}\ sidues \tag{4.29}$$

式（4.29）奇点为$\tau=0$，$G(\tau)=0$的所有零点。

奇点$\tau=0$的留数为：

$$\begin{aligned}&\mathrm{Re}\ s\left\{\frac{[QG(\tau)+QY_1(Ar_e)J_0(Ar)-QJ_1(Ar_e)Y_0(Ar)e^{-\tau t}]}{\tau^2G(\tau)},0\right\}\\&=\frac{QG(0)+QY_1(0)J_0(0)-QJ_1(0)Y_0(0)}{2G(0)}=1/2\end{aligned} \tag{4.30}$$

对于$G(\tau)=0$的根，将$G(\tau)$中的τ用β替换，然后利用$G(\beta)=0$确定，有：

$$G(\beta)=[J_1(Br_e)Y_0(Br_w)-J_0(Br_w)Y_1(Br_e)]=0 \tag{4.31}$$

式中：　　$B=\sqrt{\dfrac{\beta}{\mathrm{C_{vr}}}}$

方程$G(\beta)=0$的根$\beta_i(i=1,2,3,\cdots,)$相当于自然频率，而且这些根均为正实数。$s=\beta_i$

处留数为：

$$\begin{aligned}&\mathrm{Re}\ s\left[\frac{QG(\tau)+QY_1(Ar_e)J_0(Ar)-QJ_1(Ar_e)Y_0(Ar)e^{-\tau t}}{\tau^2G(\tau)},\beta_i\right]\\&=Q\frac{[Y_1(B_ir_e)J_0(B_ir)-J_1(B_ir_e)Y_0(B_ir)e^{-\beta_i t}]}{\beta_i^2\left.\dfrac{\partial G(\tau)}{\partial\tau}\right|_{\tau=\beta_i}}\end{aligned} \tag{4.32}$$

式中：$B_i=\sqrt{\dfrac{\beta_i}{\mathrm{C}_{vr}}}$

根据 Bessel 函数性质：

$$\operatorname{Re}s\left[\frac{QG(\tau)+QY_1(Ar_\mathrm{e})J_0(Ar)-QJ_1(Ar_\mathrm{e})Y_0(Ar)e^{-\tau t}}{\tau^2G(\tau)},\beta_i\right]$$
$$=\frac{Q[Y_1(B_\mathrm{i}r_\mathrm{e})J_0(B_\mathrm{i}r)-J_1(B_\mathrm{i}r_\mathrm{e})Y_0(B_\mathrm{i}r)e^{-\beta_i t}]}{\beta_i^2\dfrac{r_\mathrm{e}[J_0(r_\mathrm{e}B_\mathrm{i})-J_2(r_\mathrm{e}B_\mathrm{i})]Y_0(r_\mathrm{w}B_\mathrm{i})}{4C_{vr}B_\mathrm{i}}-\beta_i^2J_0(r_\mathrm{w}B_\mathrm{i})Y_1(r_\mathrm{w}B_\mathrm{i})}\tag{4.33}$$

则有超静水压力：

$$u_2(t,r)=\frac{1}{2}+\sum_{i=1}^{\infty}\frac{Q[Y_1(B_\mathrm{i}r_\mathrm{e})J_0(B_\mathrm{i}r)-J_1(B_\mathrm{i}r_\mathrm{e})Y_0(B_\mathrm{i}r)e^{-\beta_i t}]}{\beta_i^2\dfrac{r_\mathrm{e}[J_0(r_\mathrm{e}B_\mathrm{i})-J_2(r_\mathrm{e}B_\mathrm{i})]Y_0(r_\mathrm{w}B_\mathrm{i})}{4C_{vr}B_\mathrm{i}}-\beta_i^2J_0(r_\mathrm{w}B_\mathrm{i})Y_1(r_\mathrm{w}B_\mathrm{i})}\tag{4.34}$$

式中：$Q=Q_1+p_0r$

4.2.2 三维流动中竖向流动子问题的理论求解

对于子问题 I 的运动方程为：

$$C_{\mathrm{vz}}\frac{\partial^2u_1}{\partial z^2}=\frac{\partial u_1}{\partial t}-\frac{\partial\sigma_\mathrm{z}}{\partial t}=\frac{\partial u_1}{\partial t}-q\tag{4.35}$$

边界条件为：

$$\left.\begin{aligned}&u_1(z,t)\big|_{t=0}=p_0\\&u_1(z,t)\big|_{z=0}=0\\&\left.\frac{\partial u_1(z,t)}{\partial z}\right|_{z=H_0}=0\end{aligned}\right\}\tag{4.36}$$

将式（4.36）进行 Laplace 变换：

$$\begin{aligned}&U_1(z,s)\big|_{z=0}=0\\&\left.\frac{\partial U_1(z,s)}{\partial z}\right|_{z=H_0}=0\end{aligned}$$

解上述方程得：

$$U_1(z,s)=C_3\sinh\left(\sqrt{\frac{s}{C_{vr}}}z\right)+C_4\cosh\left(\sqrt{\frac{s}{C_{vr}}}z\right)+\frac{q+p_0s}{s^2} \tag{4.37}$$

带入边界条件得：

$$C_3=\frac{(q+p_0s)\tanh\left(\sqrt{\frac{s}{a}}H_0\right)}{s^2}$$

$$C_4=\frac{-q+p_0s}{s^2}$$

式（4.37）可写为：

$$U_1(z,s)=\frac{(-q+p_0s)}{s^2\cosh\left(\sqrt{\frac{s}{C_{vz}}}H_0\right)}\left[\cosh\left(\sqrt{\frac{s}{C_{vz}}}H_0\right)\right]$$
$$-\cosh\left(\sqrt{\frac{s}{C_{vz}}}H_0\right)\cosh\left(\sqrt{\frac{s}{C_{vz}}}z\right)+\sinh\left(\sqrt{\frac{s}{C_{vz}}}H_0\right)\sinh\left(\sqrt{\frac{s}{C_{vz}}}z\right) \tag{4.38}$$

分母 $s^2\cosh\left(\sqrt{\frac{s}{C_{vz}}}H_0\right)$关于 s 的零点是：

$$s=0,\ s=\frac{(2k-1)\pi^2C_{vz}}{4H_0^2}\ (k=1,2,3,\cdots)$$

除 $s=0$ 是 $U_1(z,s)$的可去奇点外，其他的点都是 $U_1(z,s)$一级极点，于是由留数定理展开，得所求解为：

$$\begin{aligned}u_1(z,t)&=L^{-1}[U_1(z,s)]\\&=-\sum\mathrm{Re}\,s\left\{\frac{(q+p_0s)\mathrm{e}^{st}}{s^2\cosh\left(\sqrt{\frac{s}{C_{vz}}}H_0\right)}\left[\cosh\left(\sqrt{\frac{s}{C_{vz}}}H_0\right)-\cosh\left(\sqrt{\frac{s}{C_{vz}}}H_0\right)\cosh\left(\sqrt{\frac{s}{C_{vz}}}z\right)+\right.\right.\\&\left.\left.\sinh\left(\sqrt{\frac{s}{C_{vz}}}H_0\right)\sinh\left(\sqrt{\frac{s}{C_{vz}}}z\right)\right]\right\}\end{aligned} \tag{4.39}$$

$$=\sum_{k=1}^{\infty}\frac{(-q+p_0 s)\left[\cosh\left(\sqrt{\frac{s}{C_{vz}}}H_0\right)-\cosh\left(\sqrt{\frac{s}{C_{vz}}}H_0\right)\cosh\left(\sqrt{\frac{s}{C_{vz}}}z\right)+\sinh\left(\sqrt{\frac{s}{C_{vz}}}H_0\right)\sinh\left(\sqrt{\frac{s}{C_{vz}}}z\right)\right]}{s^2\cosh'\left(\sqrt{\frac{s}{C_{vz}}}H_0\right)}e^{st}\Bigg|_{s=-\frac{(2k-1)\pi^2 C_v}{4H_0^2}}$$

$$=\sum_{k=1}^{\infty}\frac{2\sqrt{sC_{vz}}(q+p_0 s)\left[\cosh\left(\sqrt{\frac{s}{C_{vz}}}H_0\right)-\cosh\left(\sqrt{\frac{s}{C_{vz}}}H_0\right)\cosh\left(\sqrt{\frac{s}{C_{vz}}}z\right)+\sinh\left(\sqrt{\frac{s}{C_{vz}}}H_0\right)\sinh\left(\sqrt{\frac{s}{C_{vz}}}z\right)\right]}{s^2 H_0\sinh\left(\sqrt{\frac{s}{C_{vz}}}H_0\right)}e^{st}\Bigg|_{s=-\frac{(2k-1)\pi^2 C_v}{4H_0^2}}$$

$$=\sum_{k=1}^{\infty}4\frac{(-4H_0^2 q+(2k-1)^2\pi^2 C_{vz}p_0)\sinh\left(\frac{2k-1}{2H_0}\pi z\right)}{(2k-1)^3\pi^3 C_{vz}}e^{-\frac{(2k-1)^2\pi^2 C_{vz}}{4H_0^2}t}$$

即

$$u_1(z,t)=\sum_{k=1}^{\infty}4\frac{(-4H_0^2 q+(2k-1)^2\pi^2 C_{vz}p_0)\sinh\left(\frac{2k-1}{2H_0}\pi z\right)}{(2k-1)^3\pi^3 C_{vz}}e^{-\frac{(2k-1)^2\pi^2 C_{vz}}{4H_0^2}t} \tag{4.40}$$

将式（4.34）和式（4.40）代入式（4.14）中：

$$\begin{aligned}u(z,r,t)&=\frac{u_1(z,t)u_2(r,t)}{p_0}=\\&\sum_{k=1}^{\infty}2\frac{[-4H_0^2 q+(2k-1)^2\pi^2 C_{vz}p_0]\sinh\left(\frac{2k-1}{2H_0}\pi z\right)}{p_0(2k-1)^3\pi^3 C_{vz}}e^{-\frac{(2k-1)^2\pi^2 C_{vz}}{4H_0^2}t}+\\&\sum_{k=1}^{\infty}\sum_{i=1}^{\infty}\frac{4Q[Y_1(B_i r_e)J_0(B_i r)-J_1(B_i r_e)Y_0(B_i r)]}{\beta_i^2\frac{r_e[J_0(r_e B_i)-J_2(r_e B_i)]Y_0(r_w B_i)}{4C_{vr}B_i}-\beta_i^2 J_0(r_w B_i)Y_1(r_w B_i)}\cdot\\&\frac{\left(-4H_0^2 q+(2k-1)^2\pi^2 C_{vz}p_0\right)\sinh\left(\frac{2k-1}{2H_0}\pi z\right)}{p_0(2k-1)^3\pi^3 C_{vz}}e^{-\frac{(2k-1)^2\pi^2 C_{vz}}{4H_0^2}t-\beta_i t}\end{aligned} \tag{4.41}$$

得到最终的表达式。

4.3 软赤泥孔隙水压变化规律分析

从前述的推导可以看出，完整的超静孔隙水压函数包含有多个变量，在三维空间坐标系中无法形象表达出其变化特性。为了解 u 随时间空间变化的规律，笔者采用 Matlab 作为求解工具，通过考察一个参数，固定其他参数的方式，得到各变量对 u 值的影响方式。根据以往工程经验，并依据该尾矿库勘察设计和实际生产情况，设计参数的变化范围见表 4.1。

表 4.1 各计算参数取值范围表

参数及最值	砂井直径 d/m	砂井间距 l/m	加载速率 q/（kPa/a）
最大值	0.35	5.0	45
最小值	0.10	1.0	25

为得出各参数对排水规律的影响，采用控制变量法，即在砂井直径 d、间距 l、加载速率 q 和固结系数 C_v（因赤泥各向同性，故 $C_{vz}=C_{vr}=C_v$）四个变量中，约束其他三个为初始值，考察目标变量的影响方式。按照参数取值范围表，设定各变量的初始值为表 4.2。其中影响半径按照梅花桩布置考虑，取影响系数 a=1.05，则影响半径 $r_e=0.5\times1.05l_0$。

表 4.2 各计算参数初始取值表

砂井直径 d_0/m	砂井间距 l_0/m	计算深度 z_0/m	加载速率 q_0/（kPa/a）	固结系数 C_{v0}/（cm^2/s）	影响半径 r_e/m
0.30	3.0	20.0	40.75	0.002	1.575

按比例依次变动上述各参数，即可得到一系列超静孔隙水压与时间的关系曲线，由于堆场预计持续加荷时间为 8 a，此后不再继续堆高，故超静孔隙水压的最大值一定在 0～8 a 出现，超过 8 a 的曲线不再给出。利用 Matlab 绘图程序 PLOT 和求根程序 FindRoots（见附录）计算并绘制超静孔隙水压变化图，除图 4.8 外，其余各图计算点水平位置均为影响半径，即单砂井模型的两侧边界上，横轴 t 单位为年，各结果曲线及分析如下：

（1）初始参数下，比较单井排水模型中不同位置点（x，z）的超静孔隙水压变化情况。

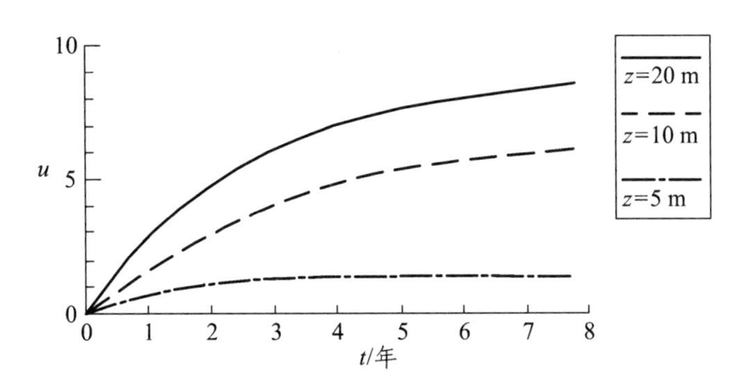

图 4.7　u 随深度 z 变化关系曲线

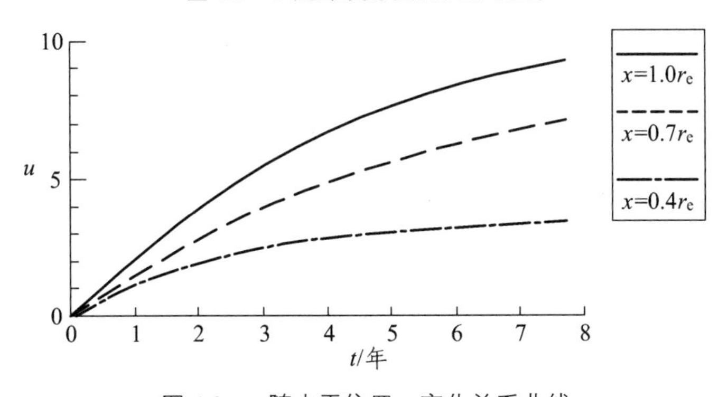

图 4.8　u 随水平位置 x 变化关系曲线

从图 4.7 和图 4.8 可以得出，在垂直的深度方向是，超静孔隙水压为非线性变化，在浅层变化较快，梯度大；在深层则变化较小，梯度较小。在水平方向是，距离砂井越近，静孔隙水压上升速率越小，终值较小；距离越远上升速率越大，终值越大，且变化趋势为非线性变化。

（2）初始参数下变动砂井直径 d，比较单井排水模型中 d 对超静孔隙水压变化的影响。

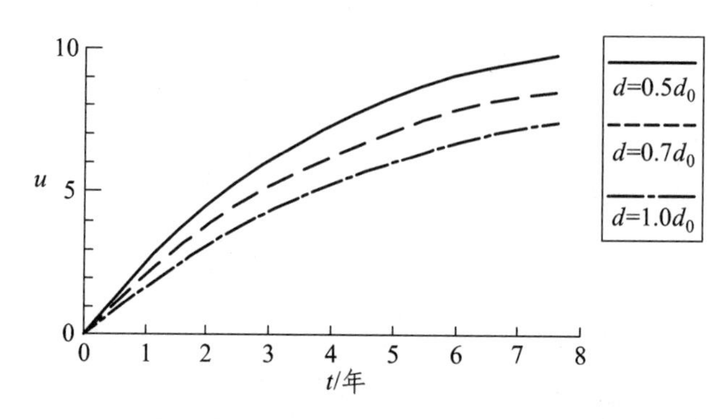

图 4.9　u 随砂井直径 d 变化关系曲线

从图 4.9 可以得出，在其他各项参数相同的情况下，变动砂井直径对降低超静孔隙水压的作用较小。

（3）初始参数下变动砂井间距 l，比较单井排水模型中 l 对超静孔隙水压变化的影响。

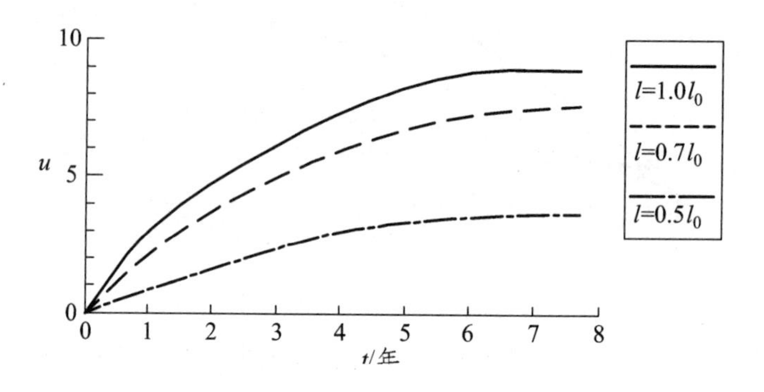

图 4.10　u 随砂井间距 l 变化关系曲线

从图 4.10 中可以得出，在其他各项参数相同的情况下，变动砂井间距将明显改变超静孔隙水压的变化速率和终值。减小砂井的间距比扩大直径带来的效果更明显，当间距减小到初始值的一半时，最终超静孔隙水压约为初始值的四分之一。

（4）初始参数下变动加荷速率 q，比较单井排水模型中 q 对超静孔隙水压力变化的影响。

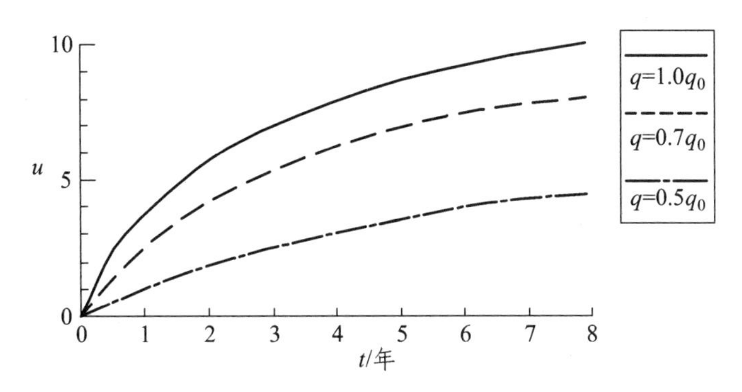

图 4.11　u 随加载速率 q 变化关系曲线

从图 4.11 中可以得出，在其他各项参数相同的情况下，加荷速率越大，超静孔隙水压的终值越大，同样的加载速率折减引起超孔压终值的改变是不一样的。表现为小幅度折减影响较小，继续折减影响逐渐明显。

（5）初始参数下变动固结系数 C_v，比较单井排水模型中固结系数对超静孔隙水压变化的影响。

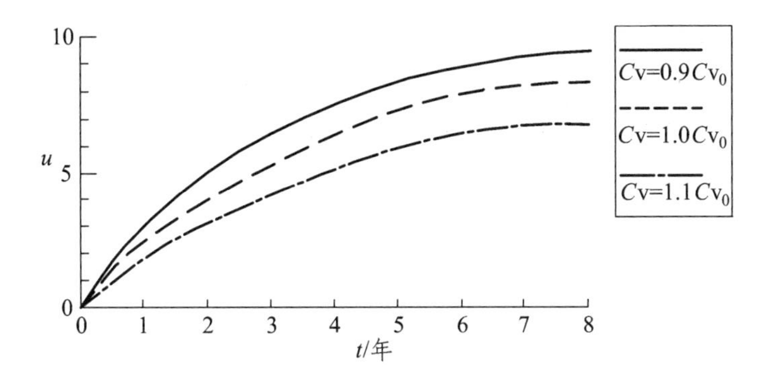

图 4.12　u 随固结系数 C_v 变化关系曲线

从图 4.12 中可以得出，在其他各项参数相同的情况下，固结系数越大，超孔隙水压力终值越小，反之越大。因此，当赤泥 C_v 值较小时，需要更多的排水通道或更小的间距，才能在同样固结时间内达到同样的固结效果。

4.4 本章小结

本章通过对尾矿库中软赤泥排水体系进行分析和简化，建立了单井排水的超静孔隙水压计算模型，推导了基于三维固结情况下的超静孔隙水压微分方程，利用贝塞尔函数和拉普拉斯变换得到微分方程的解析解。采用控制变量的方法分析了函数中各参数对超静孔隙水压的影响，对防止超设计容量续堆中赤泥尾矿库的渗漏有指导意义，并为后续章节的研究奠定了基础。

对超静孔隙水压函数的实例绘图分析表明：

（1）在垂直的深度方向是，超孔压为非线性变化，在浅层变化较快，梯度大；在深层则变化较小，梯度较小。

（2）在其他各项参数相同的情况下，变动砂井直径对降低超孔隙水压力的作用不明显，变动砂井间距将明显改变超孔隙水压力的变化速率和终值。减小砂井的间距比扩大直径带来的效果更好。

（3）加荷速率越大，超孔压的终值越大，同样的比例加载速率折减引起超孔压终值改变量是不一样的。

（4）赤泥固结系数越大，超孔隙水压力终值越小，反之越大。因此采用砂井排水法时，赤泥的 C_v 值越小，排水措施越应加强。

5　考虑软赤泥侧向推力的尾矿库堆存稳定性分析

5.1　软赤泥与尾矿坝相互作用计算模型

在上部干法赤泥持续加荷的作用下，库池内软弱湿法赤泥中的孔隙水顺着砂井逐渐排出，下部孔隙水压力随时间不断变化，此即整个渗透固结的基本过程。当在库池中布设有排水砂井和砂垫层时，即形成了图 5.1 所示的受力分析模型，其上边界为透水边界。

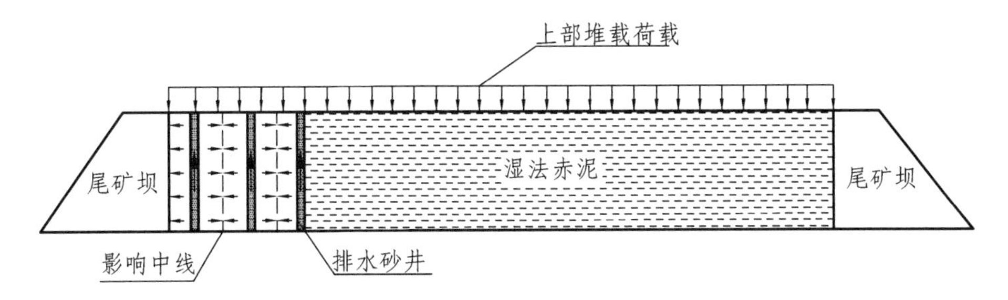

图 5.1　湿法赤泥库池整体模型图

在本书的研究之前，有部分学者与工程技术人员认为尾矿库中湿法软赤泥是上部干法赤泥的地基，而软赤泥的强度低、变形大，故不能支承上部干法赤泥，需要采用砂井排水法提高软赤泥强度和降低其变形后才能达到续堆干法赤泥的目的。这是处理建筑地基的常见思路，但用在软赤泥有尾矿坝侧限和上部干法赤泥荷载全库满布的情况下并不一定特别合适。

当砂井间距很大、直径很小且堆载速率又特别大时，理论分析和生活经验都告诉我们，下部高含水率的软赤泥将成为一个承压饱水带。作为这个承压饱水带的支撑——尾矿坝，将承受水平向的土压力和孔隙水压力作用。一旦总侧推力大于尾矿坝的极限抗力，破坏即有可能发生。这类事件历史上曾经多次发生，为了避免类似的悲剧，故分析堆载固结过程中库池内软赤泥侧向土压力和孔隙水压对坝体造成的总侧推力是十分必要的。

在赤泥库中布设砂井后，根据力与反作用力平衡原理（见图 5.1 红黑箭头），下部赤泥和砂井系统可以视为由一个个的单砂井独立子系统组成，各子系统的侧推力互相平衡，它们之间的界线就是单个砂井的覆盖范围界线。于是我们只需研究其中一个砂井覆盖范围内的情况，该范围内赤泥向外的侧推力就等于尾矿坝承受的侧推力。

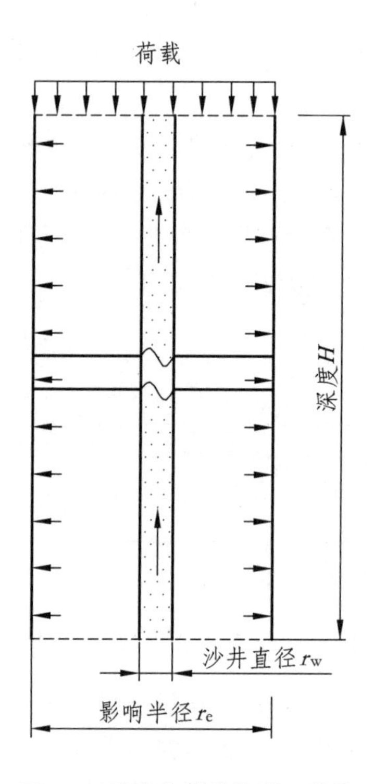

图 5.2　单砂井荷载传递示意图

考察其中的一个砂井系统（图 5.2），其两侧边界上的主要受力包括：

（1）水平方向土压力（时间 t 的函数）。

（2）孔隙水压（时间 t 的函数）。

5.2 软赤泥侧向推力计算与分析

5.2.1 尾矿坝承受侧推力计算

对尾矿坝侧推力的计算采用单砂井模型，具体计算如下：

（1）孔隙水压力分析。

在得到时刻 t 的孔隙水压力分布情况后，在侧壁 $z=0\sim H$ 范围内进行积分，即可得到侧壁孔隙水压力合力。当取超静孔隙水压力为分布函数时，需要加上位置水头压力 γ_w，即有：

$$u_a = u + \gamma_w \cdot z \tag{5.1}$$

积分区域为（0，H），即总水压力合力：

$$F_w(t) = \int_0^H u_{(R_w, R_e, q, C_{v,z,t})} dz + \frac{1}{2}\gamma_w H^2 \tag{5.2}$$

（2）侧向土压力分析。

求解加载过程中赤泥水平方向的应力分布时，关键问题是确定土的静止侧压力系数。土的静止侧压力系数 K_0（亦称土压力系数）是一个传统土力学参数，在地下连续墙设计中的水平压力计算、基坑支护结构上侧压力的计算、地下室侧墙上的侧土压力计算、盾构管片水平侧压力的计算及其他侧向位移极小的挡土墙背上的土压力计算中，K_0 的取值大小将直接影响计算结果和精度。众多学者对 K_0 开展了大量的试验、理论研究[131,132,133,134]。目前学术和工程界普遍的认识是，土体在无侧向变形条件下侧向有效应力与轴向有效应力之比，对一般工程在计算时往往采用固定的 K_0 值，经验证明采用其计算后的结果与现场情况基本符合。

侧压力系数的确定，依照文献 131 ~ 134 研究结论，对于赤泥这类较高孔隙率土体，侧压力系数建议经验公式为：

$$K_0 = 1 - \sin\varphi' \tag{5.3}$$

也可采用塑性指数 I_p 相关的经验公式进行确定。

t 时刻，侧壁 $z=z_0$ 处的竖向有效应力：

$$\sigma_{ez} = q \cdot R_e \cdot t + \gamma_s z_0 - u(z_0) \tag{5.4}$$

侧压应力：

$$\sigma_{ex}=[q\cdot R_e\cdot t+\gamma_s z_0-u(z_0)\cdot K_0] \tag{5.5}$$

式中，q 为堆载速率；R_e 为影响半径；γ_s 为干密度；u 为超静孔隙水压力。

边界上的土压力合力即为（0，H）上的积分：

$$F_s(t)=\int_0^H \sigma\cdot \mathrm{d}z \tag{5.6}$$

（3）总侧推力分析。

总侧推力由水压力和土压力组成，水压力包括静水压力和堆载引起的超静孔隙水压力组成，土压力为竖向应力引起的水平应力，可以通过侧压力系数 K_0 乘以 σ_z 得到。

$$\begin{aligned}F(t)&=F_w(t)+F_s(t)\\&=\int_0^H\{[\sigma_z-\gamma_w z-u(z,t)]\cdot K_0+u(z,t)+\gamma_w z\}\mathrm{d}z\\&=C_1+K_0 qR_e H\cdot t+(1-K_0)\cdot\int_0^H u(z,t)\mathrm{d}z\end{aligned} \tag{5.7}$$

式中，$C_1=\frac{1}{2}K_0R_sH^2+(1-K_0)\gamma_w H^2$，$\gamma_s$ 为赤泥的干重度；R_e 砂井影响半径。

为方便起见，还可令 $C_2=K_0qR_eH$，$C_3=1-K_0$，

则 $F(t)$ 可以简写为：

$$F(t)=C_1+C_2\cdot t+C_3\cdot\int_0^H u(z,t)\mathrm{d}z \tag{5.8}$$

经过积分推导，可得 $F(t)$ 为：

$$\begin{aligned}F(t)&=F_w(t)+F_s(t)\\&=\int_0^H[\sigma_z-\gamma_w z-u(z,t)]K_0\mathrm{d}z+\int_0^{H_0}[u(z,t)+\gamma_w z]\mathrm{d}z\\&=C_1+K_0qR_eH\cdot t-(1-K_0)\\&\left[\sum_{k=1}^{\infty}2\frac{[-4H_0^2q+(2k-1)^2\pi^2C_{vz}p_0]4H_0\sinh^2\left(\frac{2k-1}{4}\pi\right)}{p_0(2k-1)^3\pi^3C_{vz}}\mathrm{e}^{-\frac{(2k-1)^2\pi^2C_{vz}}{4H_0^2}t}+\right.\\&\sum_{k=1}^{\infty}\sum_{i=1}^{\infty}\frac{4Q[Y_1(B_ir_e)J_0(B_ir)-J_1(B_ir_e)Y_0(B_ir)]}{\beta_i^2\frac{r_e[J_0(r_eB_i)-J_2(r_eB_i)]Y_0(r_wB_i)}{4C_{vr}B_i}-\beta_i^2J_0(r_wB_i)Y_1(r_wB_i)}\cdot\end{aligned}$$

$$\left.\frac{\left(-4H_0^2 q+(2k-1)^2\pi^2 C_{vz} p_0\right)4H_0 \sinh^2\left(\frac{2k-1}{4}\pi\right)}{p_0(2k-1)^4\pi^4 C_{vz}} e^{-\frac{(2k-1)^2\pi^2 C_{vz}}{4H_0^2}t-\beta_i t}\right] \tag{5.9}$$

5.2.2　侧推力函数的形式

在上部干法赤泥荷载以速率 q 线性增长情况下，我们可将对应的 $F(t)$ 函数分为两部分绘出图形（图 5.3），即 $F(t)$是这两部之和。图 5.3（b）为超静孔隙水压产生的侧推力，图 5.3（a）为静水、土自重和上部堆载产生的侧推力，各图自变量 t 取值范围均为（0，∞）。

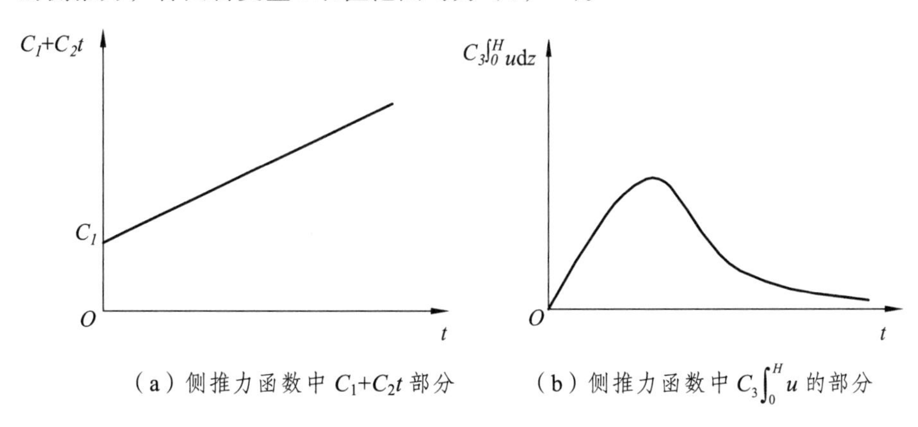

（a）侧推力函数中 C_1+C_2t 部分　　（b）侧推力函数中 $C_3\int_0^H u$ 的部分

图 5.3　侧推力函数图形

对图 5.3（a）和图 5.3（b）叠加的数学分析，以及采用大量不同参数进行试算的结果，可以得知 $F(t)$的变化规律，即其函数图形，与 $F(t)$中各项参数密切相关，取用不同的参数值，$F(t)$函数会有不一样的变化规律。经研究和总结，$F(t)$的变化规律一共有五种，分别列于图 5.4（a）~（e），其中 t_n 为堆场停止持续堆载的时间，推力最大值一定出现在 0 ~ t_n 时间段内，t_n 之后的时段无研究价值，故用虚线表示；t_0（含 t_{0a}、t_{0b}）为 t_n 时间段内 $F(t)$ 可能出现极值点的时刻，t_{0a} 为第一个可能出现极值点的时刻，t_{0b} 为第二个可能出现极值点的时刻。

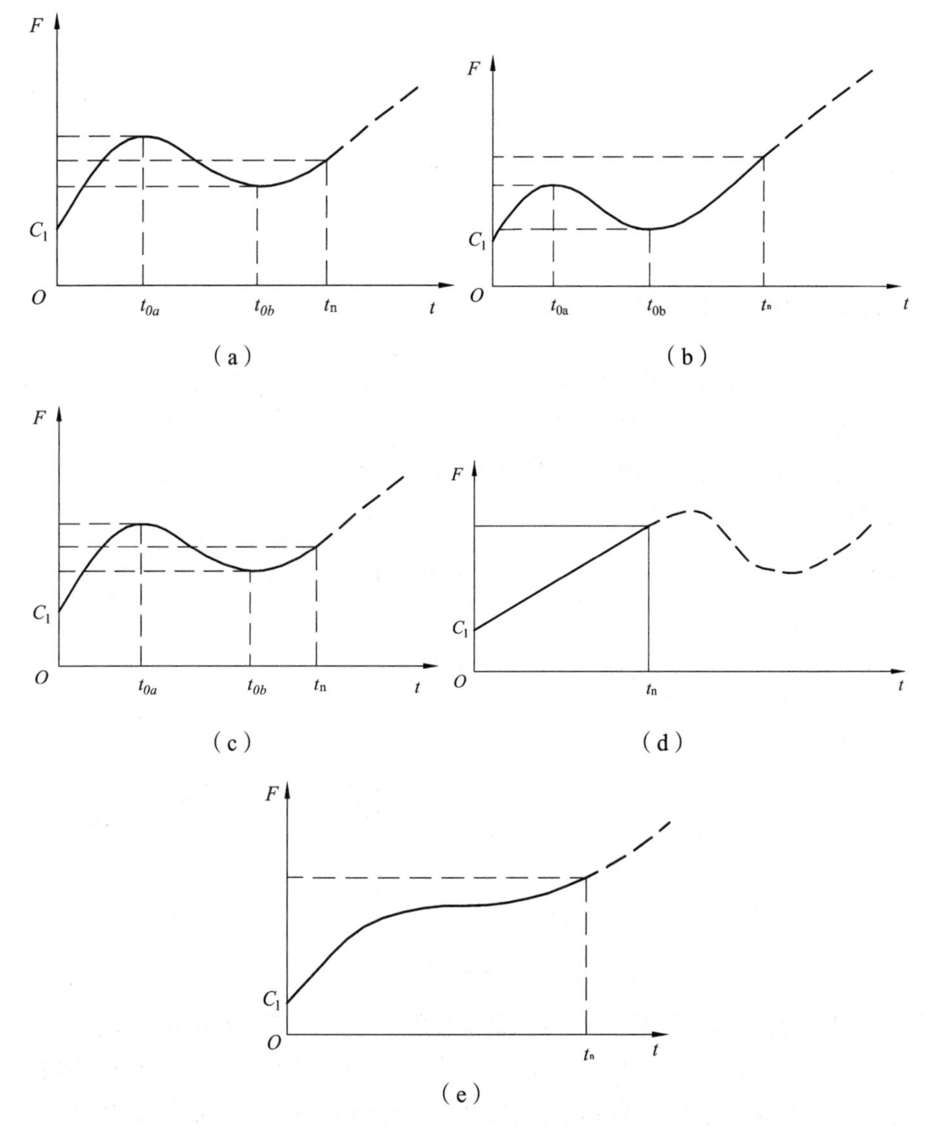

图 5.4　F（t）函数变化趋势分类图

下面对这五种图形的出现条件进行简要分析：

（a）~（c）：对超静孔隙水压造成的侧推力[图 5.3（b）]，进行分析后，可知加载速率 q 越大，排水条件越良好，则该部分的峰值出现越早，也就意味着 $F(t)$的极值点出现越早。故这三种图形出现的条件就是较小的砂井间距、较大的砂井直径和较大的加载速率 q。

（d）：与前三种图形出现条件相反，该图极值点出现较晚，在持续加载期之内没有出现，故该图出现的条件是较大的砂井间距、较小的砂井直径和较小的加载速率 q。

（e）：该图没有出现极值点，说明此时的参数选取令图 5.3（a）有较大的上升斜率，且超静孔隙水压贡献的侧推力在 $F(t)$中占的份额较小。故此图形的出现条件是 K_0 较大，C_v 较大，排水条件较好。

5.3 库池稳定分析及砂井布设规律研究

通过 $F(t)$求导，并根据前述五种 $F(t)$的图形做极值分析，可以得到 $F(t)$的最大值 F_{max} 表达式，同时计算尾矿坝最大抗力 F_d，令 $F_{max}=F_d$，代入其他相关参数，便可得到砂井直径、间距与加荷速率之间的解析关系式。主要推导过程如下：

$$
\begin{aligned}
\frac{\partial F(t)}{\partial t} = {} & K_0 q R_e H_0 - (1-K_0)\left[\sum_{k=1}^{\infty} 2\frac{\left(4H_0^2 q-(2k-1)^2\pi^2 C_{vz} p_0\right)\sinh^2\left(\frac{2k-1}{4}\pi\right)}{p_0(2k-1)^2\pi^2 H_0}\mathrm{e}^{-\frac{(2k-1)^2\pi^2 C_{vz}}{4H_0^2}t}+\right.\\
& \sum_{k=1}^{\infty}\sum_{i=1}^{\infty}\frac{4Q[Y_1(B_i r_e)J_0(B_i r)-J_1(B_i r_e)Y_0(B_i r)]}{\beta_i^2\frac{r_e[J_0(r_e B_i)-J_2(r_e B_i)]Y_0(r_w B_i)}{4C_{vr}B_i}-\beta_i^2 J_0(r_w B_i)Y_1(r_w B_i)}\cdot\\
& \left.\frac{\left((2k-1)^2\pi^2 C_{vz}t+4H_0^2\beta_i\right)\left(4H_0^2 q-(2k-1)^2\pi^2 C_{vz}p_0\right)\sinh^2\left(\frac{2k-1}{4}\pi\right)}{p_0(2k-1)^4\pi^4 C_{vz}H_0}\mathrm{e}^{-\frac{(2k-1)^2\pi^2 C_{vz}}{4H_0^2}t-\beta_i t}\right]
\end{aligned}
\tag{5.10}
$$

令 $\frac{\partial F(t)}{\partial t}=0$，通过求根程序 FindRoots（见附录）可得出 $F(t)$出现极值时的时间 t_0，若有解，且在在（0，t_n）范围内，则将 t_0 代入 $F(t)$函数求极值，若有两个解 t_{0a} 和 t_{0b}，且 $t_{0a}<t_{0b}$，则取 $t_0=t_{0a}$。

$$F(t_0)=C_1+K_0qR_eH_0\cdot t_0-(1-K_0)\left[\sum_{k=1}^{\infty}2\frac{\left(-4H_0^2q+(2k-1)^2\pi^2C_{vz}p_0\right)4H_0\sinh^2\left(\frac{2k-1}{4}\pi\right)}{p_0(2k-1)^2\pi^2H_0}e^{-\frac{(2k-1)^2\pi^2C_{vz}}{4H_0^2}t_0}+\sum_{k=1}^{\infty}\sum_{i=1}^{\infty}\frac{4Q[Y_1(B_ir_e)J_0(B_ir)-J_1(B_ir_e)Y_0(B_ir)]}{\beta_i^2\frac{r_e[J_0(r_eB_i)-J_2(r_eB_i)]Y_0(r_wB_i)}{4C_{vr}B_i}-\beta_i^2J_0(r_wB_i)Y_1(r_wB_i)}\cdot\frac{\left(-4H_0^2q+(2k-1)^2\pi^2C_{vz}p_0\right)4H_0\sinh^2\left(\frac{2k-1}{4}\pi\right)}{p_0(2k-1)^4\pi^4C_{vz}}e^{-\frac{(2k-1)^2\pi^2C_{vz}}{4H_0^2}t_0-\beta_it_0}\right] \tag{5.11}$$

注意，算出 $F(t_0)$后尚应与 $F(t_n)$进行对比，取大值为最大侧推力值 F_{max}。

若 $\frac{\partial F(t)}{\partial t}=0$ 无解，则直接选取 $F(t_n)$为最大侧推力值 F_{max}。

$$F(t_n)=C_1+K_0qR_eH_0\cdot t_n-(1-K_0)\left[\sum_{k=1}^{\infty}2\frac{\left(-4H_0^2q+(2k-1)^2\pi^2C_{vz}p_0\right)4H_0\sinh^2\left(\frac{2k-1}{4}\pi\right)}{p_0(2k-1)^2\pi^2H_0}e^{-\frac{(2k-1)^2\pi^2C_{vz}}{4H_0^2}t_n}+\sum_{k=1}^{\infty}\sum_{i=1}^{\infty}\frac{4Q[Y_1(B_ir_e)J_0(B_ir)-J_1(B_ir_e)Y_0(B_ir)]}{\beta_i^2\frac{r_e[J_0(r_eB_i)-J_2(r_eB_i)]Y_0(r_wB_i)}{4C_{vr}B_i}-\beta_i^2J_0(r_wB_i)Y_1(r_wB_i)}\cdot\frac{\left(-4H_0^2q+(2k-1)^2\pi^2C_{vz}p_0\right)4H_0\sinh^2\left(\frac{2k-1}{4}\pi\right)}{p_0(2k-1)^4\pi^4C_{vz}}e^{-\frac{(2k-1)^2\pi^2C_{vz}}{4H_0^2}t_n-\beta_it_n}\right] \tag{5.12}$$

计算 F_d，并令 $F_{max}=F_d$，然后代入各项相关参数。因式中内层无穷级数包含有贝塞尔函数，以及贝塞尔实根 B_i，故用 Matlab 编制的求根程序 FindRoots（见附录）求解（通常计算贝塞尔函数只需求取前 50 项，已足够精确），即可算出尾矿坝最大抗力控制条件下的加载速率 q、砂井半径 r_w 和砂井影响半径 R_e 之间的关系。

5.4 库池稳定及砂井布设实例分析

本书研究的赤泥尾矿库位于贵阳市白云区，地形以岩溶谷地、峰丛山地等为主，尾矿库一旦溃坝后果非常严重，故找到荷载-砂井布设解析关系式不仅能节约工程投资，还能对工程安全性提供定量参考。

表 5.1 荷载-砂井布设关系式基本参数表

C_v/（cm^2/s）	I_p	K_0
0.002	21	0.50

$K_0(I_p)$表示采用塑性指数 I_p 计算的土侧压力系数，文献[135]研究结论认为塑性指数 I_p 比有效内摩擦角 φ' 更能反映其本质的特征，将静止侧压力系数 K_0 和土的塑性指数 I_p 联系起来，提出 $K_0(I_p)=0.19+0.233\ 1\ \log(I_p)$。该式表明塑性指数 I_p 越大，静止侧压力系数 K_0 也越大。综合考虑了该堆场赤泥的压缩固结试验结果和可能的排水固结形式，本书经试验和计算选定 $K_0=0.50$ 作为计算参数。

按照该堆场的运行计划，堆场将在未来八年时间内从高程 1 350 m 加高到 1 370 m，累计加高 20 m。干赤泥的天然重度为 16.3 kN/m^3，加载方式为连续均布，不难得出平均每年加高 2.25 m，计算表见表 5.2。

表 5.2 设计加载速率范围表

高程范围/m	容重/（kN/m^3）	加载速度/（m/y）	年加载/（kPa/a）
1 350 ~ 1 370	16.3	2.5	40.75

将年加载量折算到每日加载量，约合 0.129 kPa/d，考虑到该值较小，故尝试扩大参数选取范围试算：令加荷速率 q=40.75 kPa/a，试算取值范围 0 ~ 5q；砂井直径取值范围 0.1 ~ 0.5 m，砂井间距取值范围 1.0 ~ 5.0 m。结果证明，即使在大幅扩大了参数取值范围的情况下，对函数 $F(t)$求导数求解 t_0，始终都无法满足 t_0 有解且 $t_0<t_n$ 的条件，故可以肯定本书研究的尾矿坝承受的 $F(t)$不会出现图 5.5（a）~（c）的情况，故可直接可将 $F(t_n)$作为推力的最大值。经分析，$F(t)$不符合图 5.5（a）~（c）类型的主要原因正是加载速率较小。

尾矿坝的极限抗力计算如下：

$$F_d = G_d \cdot \tan(\varphi_d) + c_d \cdot l_d \tag{5.13}$$

式中，G_d为坝体自重；φ_d为坝体与坝基材料的接触摩擦角；c_d为坝基黏聚力；l_d为坝基接触面横断面长度（注：式中下标 d 表示大坝英文首字母）。

经计算，坝极限抗力 F_d 为 2 480 kN，令 $F(t)$最大值 $F(t_n)=F_{max}=F_d$，带入其他相关参数，我们可以得到最终的该尾矿库中砂井直径、间距和加荷速率 q 之间的关系式。

利用附录中的 FindRoots 程序求解贝塞尔函数的根，对砂井直径、间距和加荷速率 q 之间的关系式进行计算。根据《地基处理工程实例应用手册》规定，常用的排水体有直径不小于 200 mm 的普通砂井，直径不小于 70 mm 的袋装砂井；根据《建筑地基处理技术规范》（JGJ79—2012）规定，排水竖井分普通砂井、袋装砂井和塑料排水带，普通砂井直径可取 300 ~ 500 mm，袋装砂井直径可取 70 ~ 120 mm；2010 年，张忠敏[136]等在拜耳法赤泥砂桩模拟固结排水性质试验研究中取用的砂井直径为 80 mm，杨顺安[137]在黏性土-砂井地基单井固结模型改进的研究中取用的砂井直径为 70 mm；结合现有工程设计经验，本书计算取用的砂井直径范围涵盖普通砂井和袋装砂井之间，为 100 ~ 500 mm，最终计算结果列于表 5.3，砂井可按梅花形布设。

表 5.3　砂井布设间距计算（q=40.75 kPa/a）　　单位：m

直径/m	速率		
	q	$2q$	$3q$
0.1	4.10	3.51	2.1
0.2	4.23	3.82	2.33
0.5	4.55	4.10	2.51

实际工程中，我们关心的是在某一工况下，求取最大砂井间距和最小砂井直径，以节约工程投资。通过计算结果不难发现，在相同的加载率下，增大砂井直径相对减小砂井间距作用不明显，相反，缩小砂井间距能显著提高堆载速率，也即砂井间距越小，排水效果将呈现递增式改善。考虑到该赤泥尾矿库的实际运营情况，包括后期生产速度加快等因素，亦可得出结论，当砂井布设相对稀疏时，坝体安全性仍能得到保障。

当然，对于实际运行中的尾矿库，在超设计容量续堆时，需要考虑的安全因素远多于推移型溃坝。堆场的总体安全性是由尾矿坝的抗滑移限值、坝体强度极限值、坝体容许的最大渗透压力和帷幕结构最大防渗等级等众多因素联合决定的。因此，本书的理论计算结果相对工程实用设计数据是偏危险的。

5.5　本章小结

本章在简化模型的基础上，结合第 4 章推导得到的超静孔隙水压力函数对侧推力函数 $F(t)$及其最大值进行了推导和分析，给出了其解析表达式和图形形式，并以尾矿坝极限抗力为控制条件，导出了堆载速率和砂井布设形式之间的解析关系式。针对某实际工程，使用试验测定的相关参数，得到了加载速率与砂井布设的关系表。具体有以下结论：

（1）侧推力函数的各图形形式对应参数取值：

① 在预期终止加载时刻之前，侧推力有极大值出现的情况，产生条件是较小的砂井间距、较大的砂井直径和较大的加载速率 q。

② 侧推力有极大值，但出现在预期终止加荷时刻之后（假设该时刻后继续保持加载）的情况，产生条件是较大的砂井间距、较小的砂井直径和较小的加载速率 q。

③ 侧推力单调上升，无极大值的情况，产生现条件是 K_0 较大，C_v 较大，排水条件较好。

（2）堆载速率和砂井布设形式之间的关系：

① 缩小砂井间距能显著降低尾矿坝侧推力和提高干法赤泥堆载速率，而增大砂井直径作用有限。

② 减小上部干法赤泥加荷速率可降低尾矿坝侧推力和砂井布设的要求。

6　工程处治措施建议

6.1　加强尾矿库抗渗能力

在原有尾矿库堆存的大量湿法软赤泥之上继续堆载干法赤泥时，由于湿法软赤泥的排水固结较慢，故软赤泥内的孔隙水压会上升，在达到或超过尾矿库的抗渗标准后将会导致尾矿库渗漏，导致严重的环境问题。如果能提高原有尾矿库的抗渗能力，就能够使其承受更大的赤泥孔隙水压力，于是也就能继续堆存更多的干法赤泥或者就能使用更快的堆载速率。

提高坝体抗渗措施较多，主要分为垂直防渗和水平防渗措施。垂直防渗就是采用灌浆法形成防渗帷幕；水平防渗就是在底部铺设防渗层，消除渗漏的可能，对库区内的岩溶漏斗、落水洞等采取相应的堵漏措施。针对本书研究的赤泥尾矿库，加强其抗渗能力具体可以采取以下方法：

（1）灌浆法。

灌浆是通过一定压力把浆液送到水工建筑物地基的裂隙、断层破碎带或建筑物本身的接缝和裂缝中。通过灌浆可以提高被灌地层或建筑物的抗渗性和整体性，保证水工建筑物的安全运行。

（2）坝体内置换混凝土防渗芯墙法。

赤泥堆场是一个永久性的污染源，对赤泥堆场的防渗治理工作是一个长期而艰巨的工作，防渗体系如果存在缺陷可能会造成整个防渗体系的大面积失效，后果将是很难弥补的。因此防治工作必须做到万无一失、不留隐患，随时监测防渗体系的运行状况，定期检测周围泉点水质变化，防止出现任何意外。

6.2　加强原有坝体的强度

尾矿库坝体的强度是保证其稳定性的重要指标之一。在赤泥持续堆载的过程中，坝体会受到较大的孔隙水压力作用，再加上土压力，总的侧向推力可能会超过原设计，如不对原有坝体进行加固处理，就极有可能导致溃坝事故发生。但在坝体得到加强的情况下，即使上部干法赤泥堆载速度较快，令库内原有赤泥产生了较大的孔隙水压和总侧向推力，尾矿库的稳定性依然能够保障，也就为安全和快速生产创造了条件。对本书研究的赤泥尾矿库坝体加固，可以考虑以下方法：

（1）加筋加固。

在坝体内加设适量筋材，可以不同程度地改善坝体的强度和抗变形能力。大量工程实践表明加筋能有效地减小了坝体的变形、改善了坝体的应力状态。

（2）锥探进行灌浆加固。

锥探压力灌浆是在坝上采用机械锥探后灌入加固材料，加固用浆液材料一般选用混凝土，搅拌成浆。钻孔的布置，视坝身隐患位置而确定，一般按梅花形布置，孔深应穿过隐患的部位。将一定配比的浆液通过压力输送并灌入堤身的裂缝、接缝或空洞等隐患中以提高坝的强度。

（3）加厚坝体。

6.3 提高砂井排水效率

提高排水效率可以有效降低软赤泥内孔隙水压，从而防止渗漏和尾矿坝破坏。针对本书研究的赤泥尾矿库，建议采用以下措施来提高其排水效率：

（1）减少砂井间距。

每个砂井在一定范围内排水效果比较明显，超出影响范围排水效果就会变得比较微弱，故在堆填区应增加砂井的分布数量，减少砂井的间距，改善排水条件，缩短排水路径，这样在上层赤泥堆载时就能加快排水固结过程，减小孔隙水压力。

（2）合理使用塑料排水板（带）。

塑料排水板和砂井均属于排水处理措施，作用类似，但塑料排水板不易断裂，发生大变形时亦不影响顺畅排水，是砂井的良好替代品。

（3）选择透水性比较大的透水材料及土工织物。

在砂井中应填入透水性比较大的中粗砂，砂垫层则应采用中粗砂或其他高透水率材料组成，并且应保证一定的厚度，确保透水量。为了阻止赤泥进入砂垫层造成砂垫层堵塞，降低透水能力，砂垫层与赤泥之间应铺设土工织物以达到透水阻土的作用。土工织物也要具有良好的透水性。

6.4 采用合理方式堆存上部干法赤泥

干法赤泥堆存类似“平地起围”，依靠干赤泥的自堆积能力向上堆高，不再筑坝支撑，故干法赤泥堆的堆存坡度需要考虑贵阳降雨条件并按非饱和土边坡稳定理论进行计算后确认，不得用过陡的坡度堆存干法赤泥。根据尾矿库防渗等级和尾矿坝极限抗力，合理控制铝厂氧化铝生产速度，即控制干法赤泥排放堆存速率，防止尾矿库出现渗漏和溃坝的危险。

6.5 本章小结

为了防止赤泥尾矿库在超设计容量续堆过程中发生渗漏、尾矿坝溃坝和干法赤泥堆体滑坡事故，应控制新堆干法赤泥的加载速度和坡度，并采取可靠措施降低赤泥孔隙水压力。为此，可采取以下的工程整治措施：① 加强尾矿库抗渗能力；② 加强原有坝体的强度；③ 提高砂井排水效率；④ 采取合理方式堆存上部干法赤泥。

7 结论与展望

本书围绕赤泥尾矿库超设计容量续堆可能遇到的危害展开研究，分别对尾矿库渗漏、溃坝和上部干法赤泥堆滑坡的问题进行分析，找到了其中的主要规律，并对续堆问题提出了相应的建议。

7.1 主要结论

针对上部干法赤泥堆体的稳定性问题，本书结合某尾矿库当地的气象资料和试验测定的干法赤泥 SWCC 曲线、HCF 曲线及其他相关参数，建立了计算机数值模拟计算模型。通过对五种坡角的模型分别在三种降雨工况下计算，分析了干法赤泥堆的降雨渗流情况和堆存稳定性，得到了赤泥堆体边坡坡角与安全系数的关系，并给出下述结论。

渗流方面：

① 三种降雨工况的初期入渗差异很小，主要原因为赤泥入渗能力受饱和渗透系数直接控制，当降雨强度超过最大入渗速度后，继续加大降雨强度将不再起作用。

② 三种降雨工况在 15 d 时的终期渗流场没有明显差别。堆体在雨后 5 ~ 10 d 内能基本恢复到降雨过程前的初期形态。

③ 斜坡表面赤泥入渗特征将极大影响总入渗量，干法赤泥的水土特征曲线在求解饱和-非饱和渗流场时直接决定了最大入渗深度和最大负孔隙水压力。

稳定性方面：

① 降雨诱发干法赤泥堆边坡失稳，主要作用形式为入渗作用改变坡体赤泥的含水量，基质吸力减小，降低了非饱和赤泥的抗剪强度，弱化了潜在滑动面的抗滑力，增加了坡体自重，导致边坡整体稳定性降低；

② 当地最不利降雨工况为第 3 类，即多日暴雨夹大暴雨。

针对上部干法赤泥荷载线性增长的特点，本书基于合理的假设，推导了此种工况下，库内软赤泥孔隙水压函数解析表达式，其中位置坐标和时间为函数自变量，固结系数、砂井半径、单砂井覆盖半径、干法赤泥加荷速率为参量。并用 PLOT 绘图程序和 FindRoots 求解程序，在试验测定了贵州某尾矿库内赤泥相关参数的基础上，绘制了该尾矿库软赤泥内部多个特征点的多组超静孔隙水压曲线。

针对赤泥尾矿坝溃坝型破坏，建立了相应的研究模型，以单砂井的控制范围为研究对象，在持续加荷工况下，研究其侧推力的变化与最大值。在赤泥孔隙水压函数基础上进行数学推导，获得了侧推力函数 $F(t)$的解析表达式，该函数共有五种特征图形形式，且该函数呈现何种图形形式与固结系数、砂井布设、土的侧压力系数和加载速率等参数密切相关，本书通过选取大量不同参数试算和归纳，分析了各种图形形式与各参数取值的对应关系：

① 在预期终止加载时刻之前，侧推力有极大值出现的情况，产生条件是较小的砂井间距、较大的砂井直径和较大的加载速率 q。

② 侧推力有极大值，但出现在预期终止加荷时刻之后（假设该时刻后继续保持加载）的情况，产生条件是较大的砂井间距、较小的砂井直径和较小的加载速率 q。

③ 侧推力单调上升，无极大值的情况，产生现条件是 K_0 较大，C_v 较大，排水条件较好。

通过对 $F(t)$的求导运算及对其的最大值分析，得到 $F(t)$的最大值 F_{max} 及其出现的时刻，再令 F_{max} 与尾矿坝极限抗力 F_d 相等，得到砂井布设间距、直径和加荷速率间关系的解析表达式。利用该式，并结合某尾矿库的具体参数，实例计算了该尾矿库在上部干法赤泥各种堆载速率下，下部软弱赤泥中砂井布设的具体数值，并分析了其规律：

① 缩小砂井间距能显著降低尾矿坝侧推力和提高干法赤泥堆载速率，而增大砂井直径作用有限。

② 减小上部干法赤泥加荷速率可降低尾矿坝侧推力和砂井布设的要求。

7.2 对后续工作的展望

在本书的撰写过程中，对赤泥尾矿库超设计容量续堆的问题有一些研究成果，但也发现有很多现在暂时没能分析清楚的问题，希望在后续的研究工作中能够进一步探索，这些问题如下：

① 书中给出的贵州赤泥参数下软赤泥孔隙水压函数尚应通过现场长期孔隙水压监测予以验证和完善。

② 书中的侧压力系数的取值采用目前通行的经验公式计算获得，在进一步的研究过程中，应进一步加强尾矿坝侧压力的监测，以更准确的获取软赤泥侧压力系数。

③ 固结系数对砂井地基的排水效果有极大的影响，如何合理的选用该值和准确的测定该值的新方法都值得研究和探讨。

④ 对于上部干法赤泥堆，其含水率场等数据本书均是由计算确定，如在实际工程中使用专门仪器在现场布设多个监测点，将监测数据与理论分析进行对比，能更好的验证理论正确性和确保设计的可靠性。

⑤ 本书采用的基本参数均来自贵州某铝厂的赤泥样本，若能获得全国更多铝厂赤泥样本数据来进行对比计算分析，则能将相关研究进一步延伸，例如，探讨不同铝厂的干法赤泥物理赋存状态与化学成分对其强度的影响，进而对堆存坡角的影响。因为材料的矿物成分和颗粒粒径分布将决定聚合后块体材料内孔隙孔径分布；若赤泥级配不良且细粒成分含量较高，则赤泥块体中细孔隙所占比例较大，表现为饱和渗透系数偏小，非饱和进气值大和残余含水量大，但若赤泥级配不良且粗粒成分含量较高时，块体中大孔隙会占较大比例，其饱和-非饱和水力特性与前者会基本相反；故赤泥的饱和-非饱和强度不但与其体积含水率相关，还与赤泥本身的矿物成分和微观结构有关，这些都需要进一步的试验和研究。

⑥ 在获取足够多的工程精确数据后，可对续堆工程进行最经济方案设计比选。在铝厂生产速率一定，也即干法赤泥排放速率一定的条件下，对于尾矿库安全，可以通过加固尾矿坝和加强砂井排水来保证，但用哪一种方法更经济？或者两者各投入多大比例资金最经济？对于尾矿库防渗，可

以通过提高尾矿库抗渗等级和加强砂井排水来保证，同样的，使用哪一种方法更经济？或者两者各投入多大比例资金最经济？通过计算，有望获得以上问题的准确答案，故进一步的研究工作可收集准确的设计和监测数据用于该项计算分析。

参考文献

[1] 朱凡，胡岱文. 土力学[M]. 重庆大学出版社，2005.

[2] 横田章，周正石. 有关赤泥的一些基本特性（1）（2）（3）[J]. 轻金属，1981（9）.

[3] 郭晖，邹波蓉，管学茂，等. 拜耳法赤泥的特性及综合利用现状[J]. 砖瓦，2011（3）：50-53.

[4] 郭晖，管学茂，马小娥. 烧结法赤泥物理化学特性的研究[J]. 山西冶金，2010（6）：1-3.

[5] 饶平平. 拜耳法干式赤泥基本特性及堆场运行特征分析[J]. 工程地质学报，2010（18）：340-344.

[6] 饶平平. 干式赤泥堆场裂缝特征及成因探讨[J]. 工业建筑，2010（9）：73-76.

[7] 刘昌俊，李文成，周晓燕，等. 烧结法赤泥基本特性的研究[J]. 环境工程学报，2009，4：739-742.

[8] 田跃. 干法赤泥堆场蒸发能力计算与分析[J]. 轻金属，2009（11）：17-22.

[9] 孙恒虎，冯向鹏，刘晓明，等. 机械力化学效应对赤泥结构特性和胶凝性能的影响[J]. 稀有金属材料与工程，2007，36（s2）：568-570.

[10] 陈友善，冯富春. 赤泥堆场赤泥的物理化学结构与性能研究[J]. 勘察科学技术，1992（4）：32-35.

[11] 楚金旺. 赤泥的工程特性与混堆技术探讨[J]. 中国矿山工程，2011（2）：44-47.

[12] 张乐，赵苏，梁颖. 赤泥-粉煤灰-水泥胶砂力学性能研究[J]. 低温建筑技术，2009（1）：14-16.

[13] 张忠敏，唐生贵，刘发祥. 拜耳法赤泥砂桩模拟固结排水的固结排水性质试验研究[J]，工程勘察，2010（S1）：104-111.

[14] 陈存礼，胡再强，谢定义．赤泥的变形-强度特性与结构性关系的研究[J]．岩体力学，2004（12）：1862-1866.

[15] 郑玉元．赤泥的沉积作用及其力学性质演变[J]．贵州科学，1999（3）：19-25.

[16] 赵开珍，郑玉元．赤泥的固结排水抗剪强度[J]．贵州地质，1996（3）：280-286.

[17] 景英仁，杨奇，景英勤．赤泥的基本性质及工程特性[J]．山西建筑，2001（6）：80-81.

[18] 吴炎森，臧其芳，杜长学．赤泥的物理力学性质试验研究[J]．材料与装备，2005（9）：77-78.

[19] 田跃，王福兴，马尚成．赤泥堆存的力学特性[J]．轻金属，1998（2）：32-34.

[20] 秦旻，梁乃兴，陆兆峰，等．赤泥用作道路垫层材料的力学性能研究[J]．中外公路，2009（6）： 216-218.

[21] T Rösner, A van Schalkwyk. The environmental impact of gold mine tailings footprints in the Johannesburg region, South Africa[J]. Bulletin of Engineering Geology & the Environment, 2000, 59(2): 137-148.

[22] Mascaro I, Benvenuti M, Corsini F, et al. Mine wastes at the polymetallic deposit of Fenice Capanne (southern Tuscany, Italy)[J]. Environmental Geology, 2001, 41(3-4): 417-429.

[23] 刘淑清．浅议赤泥的综合利用[J]．轻金属，2010（7）：26-28.

[24] 南相莉，张廷安，刘燕，等．我国主要的赤泥种类及对环境的影响[J]．过程工程学报，2009（6）：459-464.

[25] 景英仁，杨奇，景英勤．赤泥的基本性质及其工程特性[J]．山西建筑，2001（6）：80-81.

[26] 张永双，曲永新，吴树仁．炼铝工业固体废料（赤泥）的工程地质特性及其综合利用研究[C]//北京青年科技论文评选获奖论文集．2003.

[27] 李振峰．氧化铝赤泥堆场渗滤液污染的评价与防治[J]．工业安全与环保，2002（8）：37-38.

[28] 蔡良钧，毛健全，丁坚平，等．扎塘赤泥堆场岩溶渗漏及防渗处理[J]．贵州工业大学学报，2005（10）：101-105.

[29] 陈蓓，陈素英. 赤泥的综合利用和安全堆存[J]. 化工技术与开发，2006（12）：32-35.
[30] 王中美，丁坚平，褚学伟. 贵州平坝鸡大陇赤泥堆场岩溶渗漏污染评价[J]. 工程勘察，2010（7）：49-51.
[31] 罗爱平，张启修，石崇光，等. 电渗析处理赤泥回水流程研究[J]. 中南工业大学学报，1997（5）：440-443.
[32] 张维润. 电渗析处理赤泥碱性废水[J]. 水处理技术，1996（10）：271-276.
[33] 林孔锱. 软黏土地基建筑物的施工控制方法[J]. 岩土工程学报，1991（13）：61-67.
[34] 林本义. 蛇口集装箱码头软基加固[J]. 水运工程，1993：18-21.
[35] 崔伯华. 京珠高速公路某试验段软基加固处理效果分析[J]. 公路交通科技，2003（20）：23-27.
[36] 冯志军，王向上. 高速公路软基施工的监测[J]. 中外公路，2004（24）：23-24.
[37] 詹信群，胡青松，邓伯洪. 广东西部沿海高速公路台山段 K29+050～+300 软土路基滑移分析及处理[J]. 广东公路交通，2003（1）：21-23.
[38] 林本义，谈谈预压加固中沉降速率的限值[J]. 地基处理，2000（11）：19-22
[39] 张红艳. 高速公路软土路基现场监测安全控制标准的探讨[J]. 中南公路工程，2000（25）：77-78.
[40] 方建勤. 动态观测在软土地基路堤填筑施工中的应用[J]. 岩土力学，1999（20）：74-78.
[41] Babaeyan-Koopaei K, Valentine E M, Ervine D A. Case Study on Hydraulic Performance of Brent Reservoir Siphon Spillway[J]. Journal of Hydraulic Engineering, 2002, 128(128): 562-567.
[42] Blight G E. Destructive mudflowsasa consequence of tailings Dykefailures[J]. Proceedings of the Institution of Civil Engineers Geotechnical Engineering, 1997(125): 9-18.
[43] A M D Penman. Tailings dams-some aspects of their design and

construction[J]. International Journal of Rock Mechanics and Mining Sciences & Geomechanics, 1995(32): 131.

[44] Chandler R J, Tosatti G. The Stava tailings dams failure[J]. International Journal of Rock Mechanics & Mining Science & Geomechanics Abstracts, 1995, 33(1): 35A-35A.

[45] Moxon S. Failing again[J]. International Water Power and Dam Construction, 1999(5): 116-211.

[46] Shakesby R A, Whitlow J R. Failure of a mine waste dump in Zimbabwe: Causes and consequences[J]. Environmental Geology & Water Sciences, 1991, 18(2): 143-153.

[47] Strachan C. Tailings dam performance from USCOD incident survey data[J]. Mining Eng- ineering, 2001(53): 49-53.

[48] Harper T G, McLeod H N, Davies M P. Seismic assessment of tailings dams[J]. Civil Engineering, 1992(62): 64-66.

[49] Hughes H E. Warm Springs Ponds: Super found success[J]. Mining Engineering, 1996(48): 27-30.

[50] Scott M D, Lo R C. Optimal tailings management at Highland Valley Copper[J]. CIM Bulletin, 1992, 85(962): 85-88.

[51] 乔英卉．拜耳法赤泥坝中无黏性土反滤层设计方法[J]．轻金属，2006（6）：61-64.

[52] 乔英卉．拜耳法赤泥与烧结法赤泥混合堆坝的技术研究[J]．轻金属，2004（10）：18-20.

[53] 孙运德．混合赤泥半干法堆存技术的研究与应用[J]．有色冶金节能，2009（6）：20-25.

[54] 汪金卫．赤泥坝的排渗加固措施分析[J]．有色冶金设计与研究，2009（12）：39-41.

[55] 张柏玲，朱占元，凌贤长，等．某赤泥堆坝加固方案研究与施工过程仿真分析[J]．岩土力学，2007（6）：1280-1284.

[56] 罗敏杰，董成焱．台马沟赤泥堆场的坝坡稳定分析[J]．有色冶金设计与研究，2007（12）：5-6.

[57] 马光锁．山西分公司拜耳法赤泥工程特性及堆存方式的探讨[J]．轻金属，2005（7）：16-20.

[58] 王跃，伍锡举，安源远．二维平面有限单元法在坝体渗流稳定评价中的应用[J]．矿产勘查，2010（11）：516-517.

[59] Sorrell S. The value of good observation[J]. International Water Power and Dam Construction, 2000(52): 15-191.

[60] Buselli G, Lu K. Ground water contamination monitoring with multichannel electrical and electromagnetic methods[J]. Journal of Applied Geophysics, 2001(48): 11-13.

[61] Blight G E. Measuring evaporation from soil surfaces for environmental and geotechnical purposes[J]. Water S A, 2002, 28: 381-3941.

[62] Ghomshei M M, Allen D M. Hydro chemical and stable isotope assessment of tailings pond leakage, Nickel Plate Mine, British Columbia[J]. Environmental Geology, 2000(39): 937-9441.

[63] Kemper T, Sommer S. Estimate of heavy metal contamination in soils after a mining accident using reflectance spectroscopy[J]. Environmental Science and Technology, 2002(36): 2742-7471.

[64] Martin P, Akber R A. Radium isotopes as indicators of adsorption-desorption interactions and barite formation in ground water[J]. Journal of EnvironmentalRadioactivity, 1999(46): 271-286.

[65] Mc Dermott R K, Sibley J M. Aznal collar tailings dam accident-a case study[J]. Mineral Resources Engineering, 2000(9): 101-118.

[66] Paulson A J. The transport and fate of Fe, Mn, Cu, Zn, Cd, Pb and SO 4, in a groundwater plume and in downstream surface waters in the Coeur d'Alene Mining District, Idaho, U. S. A[J]. Applied Geochemistry, 1997, 12(4): 447-464.

[67] Langedal M. Dispersion of tailings in the Knabeana-Kvina drainage basin, Norway 2: Mobility of Cu and Mo in tailings-derived fluvial sediments[J]. Journal of Geochemical Exploration, 1997(58): 173-183.

[68] Peters G P, Smith D W. Solute transport through a deforming porous

medium[J]. International Journal for Numerical and Analytical Methods in Geomechanics, 2002(26): 683-717.

[69] 蒋卫东，李夕兵，张虹．国外尾矿坝安全与环境研究综述[J]．中国钨业，2003（18）：40-43.

[70] 郑玉元，鄢贵权．加高某赤泥坝的坝基评价及赤泥筑坝的可行性研究[J]．贵州工学院学报，1995（2）：65-74.

[71] 刘忠发，李明阳．干法赤泥堆积体的运行分析[J]．有色金属设计，2006（33）：83-87.

[72] 欧孝夺，樊克世，饶平平．基于 Geo-Slope 的拜耳法干式赤泥堆场稳定性分析[J]．金属矿山，2009（7）：115-118.

[73] Denes Bulkai．赤泥的堆放方法[J]．轻金属，1986（5）：14-21.

[74] 田跃．赤泥堆场干法改造[J]．环境工程，2008（8）：40-42.

[75] 周云亮．赤泥堆场若干设计问题探讨[J]．轻金属，1992（5）：15-17.

[76] 马光锁．固结赤泥碾压坝排灰渣的试验研究[J]．山西建筑，2005（9）：128-129.

[77] Bishop A W. The Use of Pore-Pressure Coefficients in Practice[J]. Géotechnique, 2015, 4(4): 148-152.

[78] Bishop A W. The principle of effective stress[J]. Teknisk Ukeblad I Samarbeide Med Teknikk, Oslo, Norway, 1959(106): 859-863.

[79] Bishop A W, Blight G E. Some aspects of effective stress in saturated and unsaturated soils [J]. Géotechnique, 1963, 13(3): 177-197.

[80] Bishop A W, Donald I B. The experimental study of partly saturated soil in the triaxial apparatus[C]//Proceedings of the 5th International Conference Soil Mechanics and Foundation Engineering. 1961(1): 13-21.

[81] Bishop A W, Alpan I, Blight G E, et al. Factors controlling the shear strength of partly saturated cohesive soils[C]//Research Conference on Shear Strength of Cohesive Soils. ASCE, 1961: 503-532.

[82] Fredlund D G. Volume Change Behavior of Unsaturated Soils [D]. Edmonton: University of Alberta, 1973.

[83] Fredlund D G. Soil suction monitoring for roads and airfields[C]//

Symposium on the State-of-the-Art of Pavement Response Monitoring Systems for Roads and Airfields, sponsored by the U S. Army Corps of Engineers, 1989.

[84] Fredlund D G, Wong D K H. Calibration of thermal conductivity sensors for measuring soil suction [J]. Geotechnical Testing Journal, 1989, 12(3): 188-194.

[85] Fredlund D G, Xing A. Equations for the soil-water characteristic curve[J]. Canadian Geotechnical Journal, 1994(31): 521-532.

[86] Fredlund D G, Morgenstern N R, Widger R A. Shear strength of unsaturated soils[J]. Canadian Geotechnical Journal, 1978, 15(3): 313-321.

[87] Fredlund D G, Rahardjo H, Gan J. Non-linearity of strength envelope for unsaturated soils [C]//Proceedings of the 6th International Conference on Expansive Soils. 1987: 49-54.

[88] Fredlund D G, Xing A, Huang S. Predicting the permeability function for unsaturated soil using the soil-water characteristic curve[J]. Canadian Geotechnical Journal, 1994(31): 533-546.

[89] Jennings J E, Burland J B. Limitations to the use of effective stresses in partly saturated soils[J]. Géotechnique, 1962, 12(2): 125-144.

[90] Fredlund D G, Morgenstern N R. Stress state variables for unsaturated soils[J]. Journal of Geotechnical Engineering Division, 1977(103): 447-466.

[91] Fredlund D G, Morgenstern N R, Widger R A. Shear strength of unsaturated soils[J]. Canadian Geotechnical Journal, 1978, 15(3): 313-321.

[92] Fredlund D G, Rahardjo H. Soil Mechanics for Unsaturated Soils[M]. New York: Wiley, 1993.

[93] Lu N, Likos W J. Suction Stress Characteristic Curve for Unsaturated Soil[J]. Journal of Geotechnical & Geoenvironmental Engineering, 2006, 132(2): 131-142.

[94] Lu N, Asce F. Is Matric Suction a Stress Variable?[J]. Journal of Geotechnical & Geoenvironmental Engineering, 2008, 134(7): 899-905.

[95] Ning Lu, Alexandra Wayllace, Jiny Carrera, et al. Constant Flow Method for Concurrently Measuring Soil-Water Characteristic Curve and Hydraulic Conductivity Function[J]. Geotechnical Testing Journal, 2006, 29(3): 256-266.

[96] Ning Lu, Lechman J, Miller K T. Experimental verification of capillary force and water retention between uneven-sized spheres[J]. Journal of Engineering Mechanics, 2008, 134(5): 385-395.

[97] Nam S, Gutierrez M, Diplas P, et al. Comparison of testing techniques and models for establishing the SWCC of riverbank soils[J]. Engineering Geology, 2010, 110 (1-2): 1-10.

[98] Lu N, Godt J W. Infinite slope stability under unsaturated seepage conditions[J]. Water Resources Research, 2008, 44(11): 2276-2283.

[99] Likos W J, Lu N. An automated humidity system for measuring total suction characteristics of clays[J]. Journal of Geotechnical Testing, ASTM, 2003, 28(2), 178-189.

[100] Godt J W, Baum R L, Lu N. Landsliding in partially saturated materials [J]. Geophysical Research Letters, 2009, 36(2): 206-218.

[101] Ning Lu，William J Likos. 非饱和土力学[M]. 韦昌富，侯龙，简文星，译. 北京：高等教育出版社，2012：363-367.

[102] Rahardjo H, Lee T T, Leong E C, et al. Response of a residual soil slope to rainfall[J]. Canadian Geotechnical Journal, 2005, 42(2): 340-351.

[103] Gasmo J M, Rahardjo H, Leong E C. Infiltration effects on stability of a residual soil slope[J]. Computers & Geotechnics, 2000, 26(2): 145-165.

[104] Tsaparas I, Rahardjo H, Toll D G, et al. Controlling parameters for rainfall-induced landslides[J]. Computers & Geotechnics, 2002, 29(1): 1-27.

[105] Rezaur R B, Rahardjo H, Leong E C. Spatial and temporal variability of pore-water pressures in residual soil slopes in a tropical climate[J].

Earth Surface Processes and Landforms, 2002(27): 317-338.

[106] 尚羽，吴辉．水位快速变动下边坡稳定性分析[J]．交通科技，2010（6）：36-39.

[107] 刘东燕，侯龙，郑志明．水位变动对库区边坡稳定性的影响机理研究[J]．地球与环境，2012（40）：70-75.

[108] Zheng Z, Hou L, Wu C. Stability of slope which locates on reservoir region and the corresponding influence mechanisms induced by fluctuation of water level[C]//International Conference on Multimedia Technology. IEEE, 2011: 4591-4595.

[109] Dongyan Liu, Long Hou, Chuansheng Wu. Numerical Analysis for Unsaturated Soil Slope Which Locates on Reservoir Region and under the Condition of Water Level Fluctuation[J]. Journal of Information and Computational Science, 2012, 9 (10): 2719-2729.

[110] 董金玉，杨继红，孙文怀，等．库水位升降作用下大型堆积体边坡变形破坏预测[J]．岩土力学，2011（32）：1774-1780.

[111] 王桂尧，付强，吴胜军．降雨条件下红黏土路基水分运移数值分析[J]．中外公路，2011（31）：16-21.

[112] 王柳江，刘斯宏，汪俊波，等．电场-渗流场-应力场耦合的电渗固结数值分析[J]．岩土力学，2012（33）：1904-1911.

[113] 李瑛，龚晓南，卢萌盟，等．堆载-电渗联合作用下的耦合固结理论[J]．岩土工程学报，2010（32）：77-81.

[114] 丁坚平，毛健全，王伍军．扎塘赤泥库岩溶渗漏的环境水文地质研究[J]．贵州地质，1992（9）：190-196.

[115] 楼建东，李庆耀，陈宝．某尾矿坝数值模拟与稳定性分析[J]．湖南科技大学学报，2005（6）：58-61.

[116] 林在贯．岩土工程手册[M]．北京：中国建筑工业出版社，1994.

[117] 伍法权．岩体工程性质的统计岩体力学研究[J]．水文地质工程地质，1997：17-19.

[118] 金曲生，范建军，王思敬．结构面密度计算法及其应用[J]．岩石力学与工程学报，1998（17）：273-278.

[119] 戚焕岭．氧化铝赤泥处置方式浅谈[J]．有色冶金设计与研究，2007，28（2）：121-125.

[120] 刘东燕，侯龙，王平．常见赤泥的物化特性及综合利用研究[J]．材料导报，2012，26（s2）：310-312.

[121] 中华人民共和国水电部．土工试验方法标准[M]．北京：中国计划出版社，1989.

[122] Mualem Y. Hysteretical Models for Prediction of the Hydraulic Conductivity of Unsaturated Porous Media[J]. Water Resour, 1976(12): 1248-1254.

[123] Neuman S P. Saturated-unsaturated seepage by finite elements[J]. Journal of the Hydraulics Division Asce, 1973, 99(12): 2233-2250.

[124] 肖慧，盛建龙，姚尧. 基于 GEO-SLOPE 的某尾矿库稳定性分析[J]. 现代矿业，2010（7）：67-69.

[125] 李广信．高等土力学[M]．北京：高等教育出版社，2004.

[126] 赵维炳．排水固结加固软基技术指南[M]．北京：人民交通出版社，2005.

[127] 黄文熙．土的工程性质[M]．北京：水利电力出版社，1983.

[128] Karl Terzaghi．理论土力学[M]．徐志英，译．北京：地质出版社，2002.

[129] Gibson R E, England G L, Hussey M J L. The Theory of One-Dimensional Consolidation of Saturated Clays[J]. Geotechnique, 1967, 17(3): 261-273.

[130] Gibson R E, Schiffman R L, Cargill K W. The theory of one-dimensional consolidation of saturated clays II Finite nonlinear consolidation of thick homogeneous layers[J]. Geotechnique, 1981: 280-293.

[131] 高江平，俞茂宏，胡长顺，等．加筋土挡墙土压力及土压力系数分布规律研究[J]．岩土工程学报，2003，25（5）：582-584.

[132] 韩森，郑毅，何润洲．基坑支护中土压力系数计算方法的探讨[J]．土工基础，2005 ，19（3）：63-66.

[133] 姜安龙，郭云英，高大钊．静止土压力系数研究[J]．岩土工程技术，

2003（6）：354-359.

[134] 杨仲元．超固结比对静止土压力系数的影响[J]．工业建筑，2006，36（12）：50-51.

[135] Dyvik R，Zimmie T F，Floess C H L. Lateral stress measurements in direct simple shear device[J]. ASTM special technical publication (USA), 1981(740).

[136] 张忠敏，唐生贵，刘发祥．拜耳法赤泥砂桩模拟固结排水的固结排水性质试验研究[C]//全国工程勘察学术大会．2010.

[137] 杨顺安，吴剑，刘昌辉．黏性土-砂井地基单井固结模型的改进[J]．水文地质工程地质，2003（s1）：40-44.

附录 A　MATLAB 求根程序 FindRoots

```
function roots=FindRoots(funhandle,a,b,n)
tic
c=chebft(funhandle,a,b,n);
A=zeros(n-1);
A(1,2)=1;
for j=2:n-2
    for k=1:n-1
        if j==k+1 || j==k-1
            A(j,k)=0.5;
        end
    end
end
for k=1:n-1
    A(n-1,k)=-c(k)/(2*c(n));
end
A(n-1,n-2)=A(n-1,n-2)+0.5;
eigvals=eig(A);
realvals=(arrayfun(@(x)  ~ any(imag(x)),eigvals)).*eigvals;
rangevals=nonzeros((arrayfun(@(x) abs(x)<=1.001,realvals)).*realvals);
roots=sort((rangevals.*0.5*(b-a)) + (0.5*(b+a)));
disp(['Time taken=' num2str(toc)])
grid=linspace(a,b);
for icount=1:length(grid);
    fungrid(icount)=funhandle(grid(icount));
end
    function c=chebft(funhandle,a,b,n)
```

```
        f=zeros(1,n);
        c=f;

        bma=0.5*(b-a);
        bpa=0.5*(b+a);
        for k=1:n;
            y=cos(pi.*(k-0.5)./n);
            f(k)=funhandle((y*bma)+bpa);
        end
        for j=1:n
            k=1:n;
            runtot=(f(k).*cos((pi*(j-1)).*((k-0.5)/n)));
            c(j)=sum(runtot)*2/n;
        end

        c(1)=c(1)/2;

    end
end
function F=Chebyshev(a,b,c,xdata)
y=(2.*xdata-a-b)./(b-a);
y2=2.*y;
d=zeros(1,length(xdata));
dd=d;
for j=length(c):-1:2
    sv=d;
    d=(y2.*d)-dd+c(j);
    dd=sv;
end
F=(y.*d)-dd+c(1);
End
```

附录 B　MATLAB 绘图程序 PLOT

```
clear;clc;
%-----------------------------------------------------------------------
cv=;cvr=;cvz=;re=;rw=;h0=;v=;q=;p0=;z=;r=;
%在此输入参数
%-----------------------------------------------------------------------
Roots=@(beta)besselj(1,(beta./cvr).^0.5.*re)*bessely(0,rw.*(beta./cvr).^0.5)-...
     besselj(0,rw.*(beta./cvr).^0.5).*bessely(1,re.*(beta./cvr).^0.5);
bRoots=FindRoots(Roots,0.01,500,500);
nbeta=length(bRoots1)
 u=[];
for t=0:10:3000
   wurt=0;wuzt=0;
  for k=1:1:nbeta
     betai=bRoots(k);

uzt1=4*(-4*h0*h0*q+(2*k-1)^2*pi^2*cvz*p0)*exp(-(2*k-1)^2*pi^2*cvz*t/(4*h0^2))*sinh(((2*k-1)*pi*z)/(2*h0));
uzt2=1/((2*k-1)^3*pi^3*cvz);

uzt=uzt1*uzt2;
Bi=(betai/cvr)^0.5;
Q=q*v/(1-v);
urt1=Q*(bessely(1,Bi*re)*besselj(0,Bi*r)-besselj(1,Bi*re)*bessely(0,Bi*r))*exp(-betai*t);
```

```
    urt2=betai^2*re*(besselj(0,Bi*re)-besselj(2,Bi*re))*bessely(0,Bi*rw)/(4*
cvr*Bi)+...
        betai^2*besselj(0,Bi*rw)*bessely(1,Bi*rw);
    urt=urt1/urt2;
    wuzt=wuzt+uzt;
    wurt=wurt+urt;
      end
      wurt=wurt+0.5;
      u=[u;wurt*wuzt/p0+ff*t];
    end
    %-------------------------------------------------------------------------
    tt=0:10:3000;
    t=[0:10:3000];
    vi=spline(t,u,tt);

    plot(tt,vi,'r-');
```